动物世界智力探险

从漫画与问题测试中学习有趣的动物知识

之

哺乳动物

[韩]金忠元 著 张闪烁 译

地震出版社

图书在版编目（CIP）数据

动物世界智力探险之哺乳动物 /（韩）金忠元著；
张闪烁译 . —北京：地震出版社，2014.5
ISBN 978-7-5028-4046-4

Ⅰ.①动… Ⅱ.①金… ②张… Ⅲ.①哺乳动物纲—
少儿读物 Ⅳ.① Q959.8-49

中国版本图书馆 CIP 数据核字（2013）第 316689 号

地震版　XM3169

动物世界智力探险之哺乳动物

［韩］金忠元　著

张闪烁　译

责任编辑：范静泊
责任校对：凌　樱

出版发行：**地 震 出 版 社**
　　　　　北京民族学院南路 9 号　　　　　　邮编：100081
　　　　　发行部：68423031　68467993　　　传真：88421706
　　　　　门市部：68467991　　　　　　　　传真：68467991
　　　　　总编室：68462709　68423029　　　传真：68455221
　　　　　市场图书事业部：68721982
　　　　　E-mail：seis@mailbox.rol.cn.net
　　　　　http://www.dzpress.com.cn

经销：全国各地新华书店
印刷：九洲财鑫印刷有限公司

版（印）次：2014 年 5 月第一版　　2014 年 5 月第一次印刷
开本：787×1092　1/16
字数：169 千字
印张：14
书号：ISBN 978-7-5028-4046-4/Q（4723）
定价：25.00 元

给所有喜爱动物的孩子们

　　我们目前生活的地球正在遭受严重的环境污染，许多动物面临着灭绝的险境。很多人为了得到昂贵的皮草或是为了维持自身的健康而牺牲了动物的生命。人类的残忍以及环境破坏充分暴露出了人们残酷的内心和漠不关心的态度。

　　我小时候的大部分时光都是在首尔附近的郊区度过的。现在那里都已经变成了繁华的住宅区，可是童年时代的我却可以在这片天地里尽情地玩耍。我和小溪里的鲤鱼们一起嬉戏，与后山上那些不知名的鸟儿和昆虫们游戏。那时的我在家里一刻也坐不住。这样的童年生活使我现在还能清楚地记得周围许多动物的名字和习性。

　　如果我们想要去喜爱某样事物，不去好好了解它是绝对不行的。正是因为了解自家宠物狗的性格

　　和习性，我们才会对它抱有特殊的好感与关爱。同样的，如果我们用心地去观察周围的一草一木，就会发现无论是在石头缝中开出的一朵野花，还是小溪中欢跳的小鱼，都是大自然中可爱的一部分。这样，我们便会对鬼斧神工的大自然抱有一份感恩与珍惜。

　　"适宜动物生存的环境就是适宜人类生存的环境"，请大家再读一读这句简单而朴素的真理吧。从现在开始，让我们解开一个又一个的问题，一起去动物世界探险，好吗？

目 录

哺乳动物的世界

关于哺乳动物

在很久很久以前，恐龙主宰着世界。由爬行动物进化来的哺乳动物祖先力量单薄，只能战战兢兢地生活着。之后，环境发生了巨变。原本强大的恐龙因为适应不了新的环境而从这个世界上永远地消失了。地球成了哺乳动物的世界。数以万计的新物种诞生了，并且哺乳动物的体形也渐渐庞大起来。犀牛、大象等动物的祖先开始登场了。人类的祖先也一步步地从灵长类动物进化而来，显现出人类的模样。此后地球又经过了好几次冰河时期，但直到今天哺乳动物依旧是世界上最为优越的物种，呈现出丰富多样的形态和习性，并处于不断的进化中。

那么哺乳动物为什么会这么繁荣呢？哺乳动物浑身都长着体毛，可以维持体温。爬虫类动物的腿生长在身体的两边，比较笨拙。相反，哺乳动物能

快速地利用腿来密切配合身体的行动。另外，哺乳动物会在腹中孕育胎儿，所以能很好地保护小宝宝。同时，母乳的直接哺育也为哺乳动物繁衍后代提供了安全保证。还有一个重要特征，那就是哺乳动物是恒温动物，具有比其他动物更优秀的机能。

今天，地球上生活着5000多种哺乳动物，从高3厘米，重不满1.5克的微型鼠到高33米，重超过170吨的白须鲸，哺乳动物的形态是十分多种多样的。

那么从现在开始，我就带大家去丰富多彩而又神秘莫测的哺乳动物世界里探险吧。

1.

卵生
哺乳动物

解题之前

　　同时具有哺乳类和爬行类动物特征的卵生哺乳动物叫作"单孔类"动物。从中生代初期开始，单孔类动物在经历了进化后，进入了与其他哺乳类动物所不同的另一个系统，现在世界上只剩下两种单孔类动物。它们全部生活在澳洲大陆和巴布亚新几内亚一代，是受到特殊保护的珍稀动物。现在让我们通过一个又一个的小测验来学习和认识单孔类动物所具有的特性。

鸭嘴兽外形与鸟类相似，主要以蝲蛄为食。它们是如何在水中找到食物的呢？

鸭嘴兽和豪猪是当今地球上最古老的哺乳动物。它是产卵哺乳的卵生哺乳类动物。身体大概有30~40厘米长，脚蹼和鸭子一样宽而平。嘴部被柔软的皮肤包裹着，感觉很敏锐。通过利用嘴部的感觉细胞，鸭嘴兽可以轻而易举地找到食物。而嘴部边缘的鼻孔也让它们拥有了敏锐的嗅觉。

◆ 正确答案是③和④

公鸭嘴兽有样秘密武器噢，是什么呢？

① 位于后腿的毒刺

② 像臭鼬一样释放出剧毒的气体

③ 尖锐的牙齿

④ 能够刺伤敌人的尖锐指甲

　　鸭嘴兽小时候牙齿很小，但是大了之后就会换牙，上排会长出两对尖锐的牙齿。与母鸭嘴兽相比，公鸭嘴兽体型更庞大，而且在后腿处还长有一枚毒刺。这枚毒刺就像环蛇的毒牙一样，能够分泌出体内毒液。虽然毒性不是致命的，但也充当着护身秘密武器的作用。

◆ 正确答案是①

鸭嘴兽的尾巴有什么作用呢？

① 储存营养

② 建造房屋

③ 游泳时充当桨的作用

④ 潜水时充当平衡物

　　鸭嘴兽的脚蹼宽而扁平，能够很好地拍打水花自由前进。如果想要在潜水时休息的话，鸭嘴兽就要不停地把头探出水面，然后再重新潜入水底。所以它必须用它宽大的尾巴来平衡身体的重心，因此尾巴是身体中非常重要的一部分。鸭嘴兽的尾巴通常长度为10~14厘米。

◆ 正确答案是④

鸭嘴兽在潜水时眼睛与耳朵处于什么状态呢？

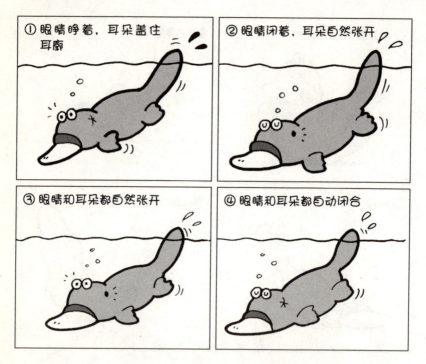

① 眼睛睁着，耳朵盖住耳廓

② 眼睛闭着，耳朵自然张开

③ 眼睛和耳朵都自然张开

④ 眼睛和耳朵都自动闭合

　　为了更好地判断前后左右的方向，鸭嘴兽的眼睛长在头部的最高处。所以当鸭嘴兽在水中休息时，只有头顶的眼睛和鼻孔露在水面外。这和河马的休息方式是非常相似的。在潜水的时候，褶皱状的皮肤会自动遮盖住眼睛和耳朵。但是，即使鸭嘴兽闭着眼睛，却仍可以通过嘴部的敏锐细胞来捕获食物。

◆ 正确答案是④

捕获食物之后，鸭嘴兽会怎样喂给家里的孩子们吃呢？

① 用嘴叼

② 含在嘴巴里，然后再喂给孩子

③ 先把食物消化，然后吐出来

④ 夹在腋下

　　鸭嘴兽的嘴里有一个食袋，所以可以把抓获的食物放在里面，然后再喂给孩子吃。有时候它们不在水中进食，而会先把食物储存在嘴里，到岸边再小心地从食袋中吐出食物撕碎食用。鸭嘴兽一天大概要吃超过300条的蝌蚪，食量很惊人吧？

◆　正确答案是②

另一种卵生哺乳动物豪猪是以吃什么为生的呢？

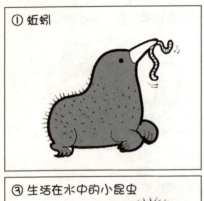

① 蚯蚓

② 蚂蚁

③ 生活在水中的小昆虫

④ 在树洞里的小虫子

　　豪猪与鸭嘴兽一样，是一种介于哺乳类和爬行类之间的单孔动物，也是一种珍稀的卵生哺乳动物。它能够利用锋利的爪子刨开泥土抓住蚂蚁。它的嘴具有伸缩性，所以可以根据需要随意伸展。豪猪的舌头和蚯蚓一样柔软细长，能伸出嘴外 17 厘米左右。捕捉蚂蚁的时候，豪猪的舌头表面会出现许多锋利的小突起，这样就能把蚂蚁轻松地捋到嘴里。

◆ 正确答案是②

下面不属于豪猪遇见天敌时的行动
的是哪个？

① 快速跑开

② 爬到树上

③ 藏在地下

④ 装死

四脚朝天

豪猪主要生活在岩石密集的地方，广泛分布在澳大利亚和新西兰的高山地区。豪猪一般都是独居，拥有非常快的奔跑速度，也很擅长爬树。每当感受到危险，它会瞬间刨土钻入地下。同时它还会像刺猬一样竖起身上的刺抵御敌人。但是它的刺并不硬，所以防身效果并不好。

◆ 正确答案是④

豪猪是如何孵化下一代的?

① 把蛋埋在地下

② 把蛋埋在落叶里

③ 把蛋放到树洞里

④ 把蛋放在孵卵袋内

豪猪一次只会产一枚卵。更奇妙的是豪猪的肚子上有一个放置卵的袋子。有袋类动物都有一个专门放置幼崽的袋子（育儿袋），但是豪猪的袋子是孵卵专用的"孵卵袋"。这个"孵卵袋"能够为孵化提供适宜的温度。幼崽破壳而出之后仍会在孵卵袋中待一些时间，不过很快就必须出来，因为它们的毛发会戳痛母亲的肚子。

◆ 正确答案是④

豪猪的乳头在哪里?

① 在胸部

② 在肚子上

③ 在孵卵袋里

④ 没有乳头，乳汁从体毛尖端流出

　　豪猪是哺乳动物，但是却没有乳头。它的体毛像刺一样，有两根体毛的尖端会分泌出乳汁。豪猪的外表很像刺猬，还能用嘴捕获蚂蚁，形态十分奇妙，真是神秘的动物呢。

◆ 正确答案是④

2.
袋类
动物的世界

解题之前

　　像袋鼠一样拥有育儿袋，并在育儿袋里面抚育幼崽的动物叫作"有袋类"动物。这是哺乳动物中最原始的动物。它们大部分没有进化，所以身体机能并不发达。它们会在腹中的幼崽出生后，把幼崽放到育儿袋中哺乳。育儿袋充当着育婴箱（医院中用来确保早产儿安全的一种装置）的作用。有袋类动物在澳大利亚分布最多，但是也有一部分分布在美洲大陆。有袋类动物除了袋鼠与考拉以外还有沙袋鼠、袋类花鼠、袋类鼹鼠、袋类狐狸、负鼠等，种类非常多样。

袋鼠宝宝出生后，是怎么进入育儿袋中的呢？

① 袋鼠妈妈用嘴把宝宝叼入育儿袋里

② 根据妈妈的唾液味道，袋鼠宝宝自己爬到育儿袋中

③ 袋鼠妈妈用手把宝宝放入育儿袋

④ 孩子就是从育儿袋中产出的

　　我们经常提到的袋鼠只生活在澳洲大陆的红色中央区的草原上。袋鼠的孕期比一个月略长，大概是 35 天左右。刚刚出生的袋鼠非常小，所以袋鼠妈妈的生产过程不会很痛苦。孩子出生之后，袋鼠妈妈会用舌头舔下腹，这样袋鼠宝宝就能根据妈妈的唾液从子宫一直爬到育儿袋中。 袋鼠宝宝要经历一个小时左右的艰辛攀登之后才能进入育儿袋。

◆　正确答案是②

袋鼠一共有4个乳头。那么请问在育儿袋中，乳头到底是什么形状的呢？

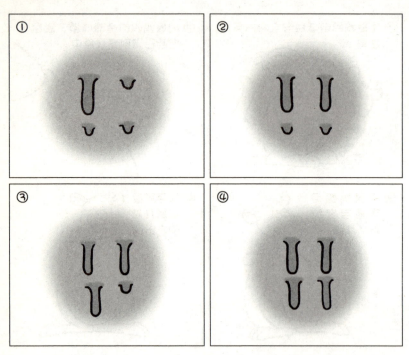

　　刚出生的袋鼠宝宝只有2厘米长，它们会一直在育儿袋中喝母乳，直到长到育儿袋装不下为止。袋鼠一共有4个乳头，但是袋鼠宝宝只会选择其中的一个进行吮吸，所以那个特定的乳头就会像①图中的那样变长。但是当袋鼠宝宝长大离开育儿袋之后，乳头就会渐渐恢复原状。令人惊奇的是，袋鼠妈妈会利用其他乳头分泌出一些与之前小袋鼠所喝的乳汁成分不同的乳汁，用来作为小袋鼠的断奶期食物。

◆ 正确答案是①

六个月大的袋鼠会经常从育儿袋中跳出，到外面活动。那么它们会如何重新回到育儿袋中呢？

① 先放进一条腿，再爬进去

② 头部先钻进去

③ 直接跳入育儿袋中

④ 翻跟头翻进去

　　小袋鼠出生6个月后，每天通常要外出2~3次。并且随着时间的推移，外出的时间也会渐渐延长。小袋鼠外出回来时，袋鼠妈妈会弯曲前腿，弯着腰，以便小袋鼠能够轻松地进入育儿袋内。小袋鼠会用前腿抓住育儿袋，然后一个跟头翻入育儿袋中。那么它们就能轻而易举地跳入袋中，并把头部露出来。除了袋鼠以外，大部分有袋类动物都不会做这种类似于杂技的动作。

◆ 正确答案是④

袋鼠如何整理弄脏的育儿袋呢？

① 把前腿伸入育儿袋中进行清理

② 把育儿袋向下拉，抖出脏东西

③ 弯腰用舌头舔

④ 袋鼠宝宝会直接清理

　　袋鼠宝宝在育儿袋中生活的时候，也会把大小便直接拉在育儿袋里。除了大小便以外，育儿袋中也会积存一些其他的垃圾。袋鼠的育儿袋拥有非常好的伸缩性，所以可以拉得非常大。袋鼠妈妈会把育儿袋往下拉，抖出脏东西。然后它会弯下腰，用舌头把一些细碎的垃圾舔出来，进行彻底的清理。这时小袋鼠会含住乳头，晃晃悠悠地等待清理的结束。

◆ 正确答案是②和③

袋鼠会在什么时候决斗呢？

① 雄性袋鼠在争夺雌性袋鼠的时候

② 争夺领地的时候

③ 在向雌性袋鼠求爱的时候

④ 无聊的时候

我们经常会在电影中看到，袋鼠会模仿决斗的样子，用前腿轻轻地击打对方的脸或者脖子。这虽然会是一种求爱行动，但更多的时候是一种无聊时候的消遣。也就是说，是一种没有目的的娱乐游戏而已。

◆ 正确答案是③和④

雄性袋鼠会怎样争夺王位？

① 用手进行搏斗

② 用尾巴进行搏斗

③ 用头撞击

④ 跳起来用脚踹

　　袋鼠把搏斗当作一种运动，也就是一种普通的日常活动。当它们真正进行争斗时，它们会跳跃起来，利用后腿互踹来决出胜负。袋鼠后腿的肌肉很发达，拥有强大的力量，是它们的重要武器。如果这样还是分不出胜负，那么它们还会用嘴互相撕咬。袋鼠首领的警戒心非常高，通常都是进行集体行动，所以人们并不知道它的准确习性。

◆ 正确答案是④

袋鼠被敌人抓住后，忽然旋转了180度，向敌人冲过去。那么接下来它会做什么呢？

① 用后腿用力踹敌人

② 用尾巴狠狠地甩敌人

③ 用头撞击敌人

嘭——

④ 赶快逃跑

　　袋鼠平时很温顺，但是在处于危险状态是也会勇敢地进行反击。不过，对自己最有利的对策还是快速逃跑。如果此时敌人依旧紧追不舍，那么袋鼠会忽然旋转180度，转变方向。在敌人惊呆犹豫的瞬间，袋鼠会跳过敌人的头部向反方向奔跑。袋鼠每小时的时速可以达到65千米，并且可以跳至3米高。

◆　正确答案是④

在丰富的袋鼠大家庭中，树袋鼠是生活在最高处的一种。那么树袋鼠在地上是如何行走的呢？

① 像普通袋鼠一样跳着前进

② 用两条腿蹒跚着走

③ 把肚子贴在地上四脚爬行

④ 翘着尾巴，用四脚走路

　　树袋鼠会把尾巴平放在地上，用两条腿蹒跚着前进。虽然同属于袋鼠，树袋鼠因为大部分时间都在树上活动，所以在地面行走时并不自然。在树上，树袋鼠为了找到重心会紧贴着树干，然后四肢左右移动，紧紧抓住树枝。树袋鼠是夜行动物，所以观察起来很困难。

◆ 正确答案是②

考拉用来抚育幼崽的育儿袋入口在什么位置？

　　考拉几乎终年都生活在树上，主要食物是澳洲山林里的桉树叶。考拉和袋鼠一样，在育儿袋内为幼崽哺乳。但是育儿袋的入口位置与袋鼠正好相反，考拉的育儿袋是朝下开口的。考拉一次只会生一个宝宝。刚出生时的小考拉大概只有 2 厘米大小，所以可以在育儿袋中生活数月。从育儿袋中出来之后的六个月间，考拉妈妈会背着小考拉生活。

◆　正确答案是④

当考拉妈妈背上的孩子长大之后，考拉妈妈会怎么做？

① 扔下孩子，自己离开

② 把孩子放到别的树上

③ 孩子偶然掉到树下也不管不顾

④ 强行把孩子推到树下

　　考拉想让背上的孩子独立的时候也不会采取什么特殊的行动。孩子渐渐长大后体重也会增加，背起来会越来越困难，所以考拉妈妈会让孩子自然掉到树下。掉下树的考拉宝宝会大声地哭叫，但是考拉妈妈会闭着眼睛假装没有听见。哭哑了嗓子的考拉宝宝不得不开始独立生活。

◆　正确答案是③

考拉的窝是怎样的呢?

① 像鸟一样的窝

② 利用树洞

③ 到树下去睡

④ 没有窝

考拉不会做窝,而是会抓住树干睡觉。考拉的体形有 60~80 厘米,但是由于长期在树上行动,所以并不会从树上掉下来。它长期用脚趾钩住树枝,所以脚趾很发达。考拉的口里有食袋,所以它能在嘴里储存很多树叶,之后再慢慢咀嚼。咀嚼时还会发出嘎吱嘎吱的声音噢。

◆ 正确答案是④

 考拉会时常从树上下来，与朋友们一起去沙地里旅行。请问这是为什么呢？

① 为了吃沙子

② 为了吃沙地里的桉树新苗

③ 为了喝沙地边的湖水

④ 为了进行艰苦锻炼

　　考拉不喝水，但它会摄取桉树叶中的成分来代替水分。像鸡这种家禽类动物经常会吃沙子来助消化，考拉也是如此。考拉会吃一些沙子或者小石块来帮助消化。但是沙子和小石块会跟粪便一起排出体外，所以它必须时常进行补充才行。

◆　正确答案是①

生活在北美的负鼠在遇到敌人时，会采取哪种方式来化解危机？

① 排出臭气

② 跳入沟中

③ 站立起来用后腿逃跑

④ 装死

　　有袋类（育儿袋）动物负鼠以擅长伪装而闻名。负鼠遇见敌人时，一旦觉得没有逃跑的希望的话，它就会把耳朵紧贴地面，咧开嘴唇露出牙齿，然后闭上眼睛。那么这样就很像是死去的动物了。负鼠常常利用这种方式来化解危机，它和老鼠很像，但是体型比老鼠大，而且颜色是灰色的。负鼠主要在树上活动，当幼崽从育儿袋中出来之后，就被背母亲背在背上。经常有负鼠因为下地找食物而被汽车撞死，所以现在数量已经大幅减少了。

◆ 正确答案是④

负鼠一次会产下很多幼崽，但是有很大一部分出生不久就死亡了。这是为什么呢？

① 喝了太多奶

② 幼崽们互相争斗

③ 乳头不足

第10号

④ 负鼠妈妈不喜欢小负鼠

　　负鼠会在开口朝下的育儿袋中抚育小负鼠。刚出生的负鼠体长只有1厘米，重0.1克。但是和幼崽的数量比起来，乳头的数量却严重不足，所以很多小负鼠因为无法喝到母乳而饿死。负鼠妈妈一共只有13个乳头，但是它一次会产下20~30只小负鼠。小负鼠一旦含住乳头，就绝对不会松口。所以后来出生的小负鼠就只能饿死了。

◆ 正确答案是③

 羊毛鼠会利用自己长长的尾巴来爬到树上。那么具体是利用怎样的方法呢？

① 把尾巴缠在树枝上，然后顺着尾巴爬

② 把尾巴缠在树干上，然后顺着树干爬

③ 把尾巴当作弹簧一样，一跃而上

④ 把尾巴缠在藤蔓上，然后顺着藤蔓爬

　　羊毛鼠在爬树的时候会先把尾巴缠在离地面最近的那条树枝上。然后蜷缩着身体，顺着尾巴向上爬。大部分生活在南美湿地的树木上的动物都有一条比自己身体大得多的尾巴，这条尾巴的作用可比腿重要多了呢。

◆ 正确答案是①

下列有袋类动物中胆子最大的动物是哪个？

① 沙袋鼠

② 黑脸树袋鼠

③ 长鼻袋鼠

④ 巴布亚树袋鼠

　　黑脸树袋鼠是夜行性动物，主要食物是树木的果实。这种长相奇特的动物胆子非常大。即便是夜晚，它也敢在离地面 10 米以上的树木之间跳跃，并且也能从 20 米高的树上跳到树下。沙袋鼠是跳高高手。长鼻袋鼠长得很像老鼠，跳跃的时候前脚提起，用后脚跳跃。巴布亚树袋鼠全身都长着白色的毛，夜晚会爬到树上寻找昆虫或者鸟蛋。

◆ 正确答案是②

3. 喜欢吃虫子的动物

解题之前

　　我们把吃虫子的动物叫作"食虫类动物"，这些动物和其他哺乳类动物比属于低级动物。它们的眼睛通常非常小，或者已经退化。体形一般都很小，身上长有短短的毛或者刺。它们中的大部分都是夜行性动物，要么和田鼠一样生活在地下，要么就和刺猬一样生活在地上。它们喜欢捕食蚂蚁，拥有自己独特的生活方式。其实更准确地说，他们不是"食虫类"，而是"贫齿类"。

　　我上小学的时候曾经为如何养殖蚂蚁来喂养食蚁兽而苦恼过。我跑到田野上，用破扫帚把蚂蚁们聚集到一起，然后把它们放入填满沙子的鱼缸里，但结果还是失败了。我对蚂蚁做过很多的研究，所以直到现在还是经常会想起这件事。

大食蚁兽是食蚁兽中体积最庞大的品种。大食蚁兽唯一的武器是什么呢？

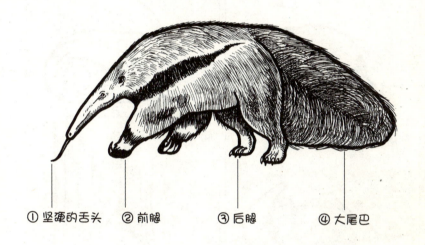

① 坚硬的舌头　② 前腿　③ 后腿　④ 大尾巴

　　最初的大食蚁兽与熊一样庞大，后来它的舌头和尾巴进化得非常强大，渐渐变成现在的样子。生活在中美洲森林和草原里的食蚁兽身体长达 15 米，尾巴有 70 厘米，完全没有牙齿，嘴巴长得像烟斗，而且非常小。舌头表面有一层具有强黏性的唾液，能捕食蚂蚁。前腿的脚趾甲长而锋利，能够砸开蚂蚁的外壳，剥开树皮以及抵御天敌。它的前腿有 4 个脚趾，后腿有 5 个脚趾。

◆　正确答案是②

35

大食蚁兽是如何睡觉的呢?

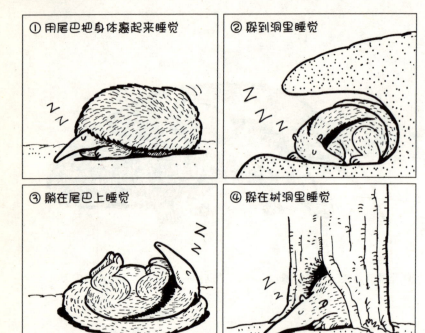

① 用尾巴把身体裹起来睡觉

② 躲到洞里睡觉

③ 躺在尾巴上睡觉

④ 躲在树洞里睡觉

　　大食蚁兽的尾巴有身体的一半那么长,尾巴上的毛有30厘米长。所以睡觉的时候,尾巴可以充当被子,起到保温的作用。小食蚁兽的身体大概只有1米长,也有一条长尾巴。但是由于尾巴上的毛很短,所以无法遮盖整个身体。大食蚁兽通常会在地面上活动,用长舌头捕食蚂蚁。小食蚁兽主要会在树上寻找食物。

◆　正确答案是①

缎毛食蚁兽会背着幼崽崽在树上生活。那么幼崽怎么样才能不从母亲的背上掉下去呢？

① 把尾巴绑在一起

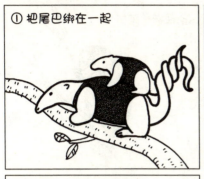

② 紧紧抓住母亲的脖子

③ 用腿夹住母亲的尾巴

④ 用手抓住母亲的毛

　　生活在南美热带雨林中的缎毛食蚁兽一生几乎都在树上度过。生活在湿地树木上的动物通常都有一条发达的大尾巴，这条尾巴担负着保持身体平衡的作用，比手和脚更为重要。缎毛食蚁兽会用尾巴缠绕着树枝跳跃，从这棵树跳到那棵树，捕食小昆虫。

◆　正确答案是①

穿山甲的外壳坚硬又厚重，下列关于穿山甲的说法不正确的是哪个？

① 挖开洞穴，在里面生活

② 很擅长爬树

③ 用牙齿捕食虫类

④ 腹部没有鳞片

　　穿山甲的前后腿都长有锋利的脚趾甲，所以很擅长挖洞，它能站在纤细的树枝上捕食蚂蚁。但是穿山甲的腹部没有鳞片，而是长着稀稀拉拉的毛。在捕食蚂蚁或其他昆虫时，它会使用自己长长的舌头。穿山甲的体长大概有 40~50 厘米，尾巴长 25~35 厘米。

◆ 正确答案是③

穿山甲会把幼崽背在背上。如果这时出现敌人，它会怎样保护孩子呢？

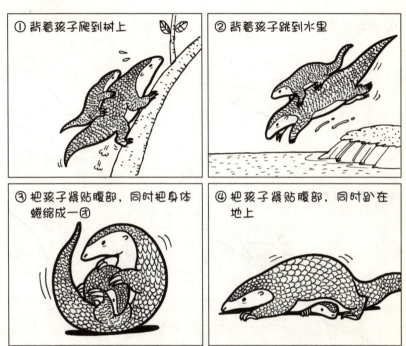

① 背着孩子爬到树上

② 背着孩子跳到水里

③ 把孩子紧贴腹部，同时把身体蜷缩成一团

④ 把孩子紧贴腹部，同时趴在地上

穿山甲一次只会生出一只幼崽，无论去哪里，它都会把幼崽背在背上。一旦遇见敌人，它会摇动尾巴发出警告，如果不管用，那么它会把身体缩成一团用来起防御作用。如果是雌性穿山甲，那么它会把孩子贴在腹部，然后蜷缩身体保护孩子。穿山甲主要分布在亚洲的温暖区域。在非洲有一种身长2米左右的大型穿山甲。

◆ 正确答案是③

田鼠生活在地下，以捕食蚯蚓等动物为生。如果把田鼠放到水里会怎么样呢？

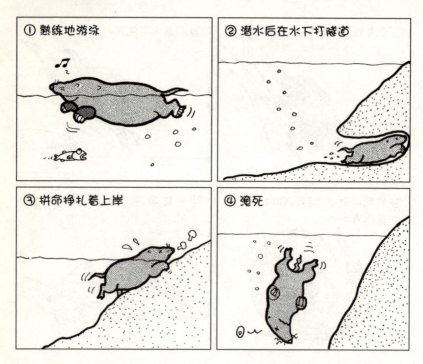

① 熟练地游泳

② 潜水后在水下打隧道

③ 拼命挣扎着上岸

④ 淹死

　　田鼠的祖先原来生活在水中，因此田鼠是非常优秀的游泳健将。即使把田鼠扔到很深的水里，它也能轻松地浮上来。下雨时洞穴内进水，对它来说也不是问题，它能很快地爬出来。在欧洲有一种只生活在水里的田鼠。

◆　正确答案是①

在水源匮乏的沙漠中，沙漠黄金鼠会如何补充水分呢？

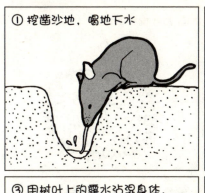

① 挖凿沙地，喝地下水

② 舔石头上的露水

③ 用树叶上的露水沾湿身体，并舔食露水

④ 吃草来补充水分

　　沙漠黄金鼠会和沙漠响尾蛇一样在凌晨用露水打湿自己的身体。但奇特的是，它并不会一直等待着露水落到自己身上，而是会在树叶和草茂盛的地方来回走动，使露水掉落。一旦意识到已经采集了足够多的露水，那么它就会伸出长舌头把身上的水分舔食干净。在沙漠中，有很多动物像沙漠黄金鼠一样，拥有自己独特的器官和生存方式。

◆ 正确答案是③

刺猬在遇见危险的时候，会把身体蜷缩成一团。这样做最主要的原因是什么？

① 为了保护肚子

② 为了保护四肢

③ 为了看起来像个毛栗球

④ 为了能在坡地上滚动

　　刺猬的肚子上没有刺，如果腹部受到攻击，那可是很严重的。所以在遇到敌人时，刺猬会蜷缩起来保护肚子。除了腹部以外，刺猬全身都长满了毛和刺，刺是由毛变化而来的。多亏了这些刺，刺猬才能随心所欲地到处觅食。

◆ 正确答案是①

刺猬遇见蛇的时候会怎么做呢?

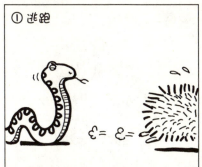

① 逃跑

② 蜷缩成一团，直到蛇离开

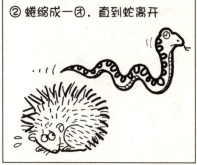

③ 漠不关心

④ 把蛇吃掉

    刺猬喜欢捕食小蛇和蜥蜴。所以当遇见蛇的时候它会毫不犹豫地把对方抓来吃掉。刺猬主要以昆虫和蚯蚓为食，分布在除了美洲以外的任何地区。它是夜行性动物，所以白天总是躲在树上活着岩石缝里。

◆ 正确答案是④

 刺猬身上的刺是朝哪个方向长的？

① 向前

② 向上

③ 向后

④ 没有方向，杂乱无章

　　刺猬身上的刺是没有固定的生长方向的。它们互相交叉，所以能够很好地抵御敌人的进攻。它们身上的刺一旦扎住敌人，那么刺就会从身体掉落。刺猬的刺末端和钩子一样，所以一旦被扎中便很难挣脱，越是挣扎，扎得就越深，甚至还会有生命危险。

◆ 正确答案是④

4.

肉食动物

解题之前

　　肉食动物和草食动物位于自然界的食物链顶端，其中肉食动物的数量比草食动物少得多。在长期的捕猎活动中，肉食动物的眼睛、鼻子、耳朵等感觉器官都进化得非常发达，可以做出许多高技能的动作。大部门肉食动物都在地面上活动，也有一部分夜行性肉食动物在夜晚才出来觅食。

　　弱肉强食一向是自然界的自然法则。肉食动物为了捕食其他动物，必须全力以赴。虽然动物园里的肉食动物们都已经有些退化了，但是只要仔细观察，我们还是能够看出在它们身上保留着野生动物的习性。

　　在这一章中，我们就来了解勇敢而无畏的肉食动物们多样的生存状态吧。

 狮子的尾巴末端有一簇黑褐色的毛。这样的尾巴有什么用呢？

① 当扇子扇风

② 蘸水喝

③ 赶虫子

④ 在奔跑的时候掌握身体平衡。

　　狮子一般不会长跑，但是它的短跑实力是不容小觑的。狮子的最高时速能达到 80 千米，这时尾巴在奔跑中就担负着掌握身体平衡的作用。一般 10~20 头狮子会聚在一起过群居生活，共同捕捉羚羊、长颈鹿、斑马等动物。狮群经常在夜晚进行捕猎活动，这时候母狮子担负的责任比公狮子更艰巨。

◆ 正确答案是④

 公狮子经常会为了领地以及雌性狮子而发生争斗。那么它们会怎样争斗呢?

① 胡乱打成一团

② 扇对方的耳光

③ 用头相撞

④ 用锐利的眼神对视

在两头雄狮子对峙的时候,其中一头会为了抢占上风而击打对方脸部或鼻梁。另一头狮子也会立即回应,用前腿以相应的力道狠狠回击。狮子的前腿可以说是一种非常可怕的武器,有时只需要一回合便能分出胜负。但是也会有互不让步互相撕咬致死的情况。

◆ 正确答案是②

狮子在狩猎成功后，会首先吃哪个部位呢？

①大腿　②内脏　③胸部　④头部

虽然说起来有点残忍，但作为肉食动物的狮子会首先打开食草动物的内脏，食用猎物胃中的植物性物质，这样便能摄取到维生素等营养成分。所以狮群经常会为了瓜分猎物内脏而争斗。在狮子的世界里，瓜分食物也是有一定的顺序的。公狮子先吃，之后才轮到母狮子和小狮子。

◆　正确答案是②

49

在下列几项选择中，狮子最喜欢哪种味道？

① 芳芳的花香

② 焚烧落叶所发出的气味

③ 肉类腐败的味道

④ 大象的大便味

如果在狮子周围有大象粪便的话，狮子便会立即去嗅，甚至还会用舌头舔。之后狮子就会躺在大象的粪便上打滚，使粪便沾满全身，脸上还会露出幸福的表情噢。事实上，给动物园里那些无精打采的狮子闻一闻大象粪便的味道，也能使它们立马兴奋起来。虽然我们现在并不知道狮子这样做的准确原因，但是，也有可能是狮子需要用这种方式来标记自己的专属品吧？

◆ 正确答案是④

为了不让秃鹰抢走自己吃剩的食物，狮子会采用什么样的方法呢？

① 埋在落叶里

② 一直守在食物旁边

③ 埋在沙子里

④ 在食物上撒尿

　　狮子并不经常狩猎。它们会一次吃个饱，然后睡好几天懒觉。狮子周围总是会有许多虎视眈眈的秃鹰想要抢走狮子吃剩的食物。如果食物吃得差不多了，狮子不会在意。但如果还有很多剩余，它们就会把食物埋在沙子里。等到肚子又饿了，狮子便又会把沙中的食物刨出来吃。

◆ 正确答案是③

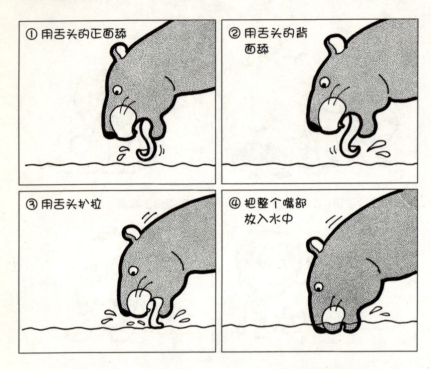

① 用舌头的正面舔

② 用舌头的背面舔

③ 用舌头扒拉

④ 把整个嘴部放入水中

　　这道题并不仅仅针对狮子，而是对所有的猫科动物都适用呢。猫科动物喝水的时候，会用舌头的背面舔水喝。只要大家仔细观察，就能发现。大家可以给猫喂一碗牛奶，然后仔细地观察一下噢。

◆ 正确答案是②

 一头饥饿的狮子发现了一只长满刺的豪猪，那么狮子会怎么做呢？

① 用脚趾把豪猪的皮剥掉后再吃

② 整个吞下去

③ 把刺全拔了再吃

④ 没法吃，只能放弃

　　非洲萨瓦纳的处于旱季（不下雨的季节）时，羚羊和斑马会为了寻找水源而大规模迁徙，因此狮子很难找到猎物。此时能够忍耐住干旱气候的豪猪就成了狮子的主要食物。饥饿的狮子会把豪猪的刺一根根全部拔光，然后再吃下去。

◆　正确答案是③

狮子和老虎打架，谁会赢呢？

① 老虎的胜率更高

② 狮子的胜率更高

③ 双方不会打架

④ 不分胜负

狮子和老虎打架的话，老虎的胜率更高。据记载，古罗马人经常把狮子和老虎放在竞技场内决斗，几乎全部是老虎获胜。不久前在美国某个马戏团中发生了老虎和狮子的撕咬事件，最后也是狮子先逃跑了。根据这些事实，我们不难看出，老虎在争斗中更具优势。狮子原本就是性情温顺慵懒的动物，而老虎总是非常凶暴，热衷于狩猎。

◆ 正确答案是①

下列关于老虎的介绍哪个是正确的呢?

① 老虎过着独居生活

一个人也不错呀~

② 从小身上就有花纹

③ 经常爬到树上

④ 住在自己挖掘的洞穴里

老虎过着群居生活,和狮子一样,虎群的数量虽然不多,但雄性老虎、雌性老虎以及幼崽共同构成了一个家族。老虎不擅长爬树,所以并不会经常在树上活动。它们经常利用岩石或者树洞来作为巢穴,但是并不会自己挖掘巢穴。老虎幼崽一出生便带有花纹,这一点在猫科动物中是与众不同的。

◆ 正确答案是②

 老虎会在饭后吃一些点心，那么它会把什么当作点心呢？

① 水

② 橡子

③ 草

④ 苔藓

　　最喜欢吃野猪肉的老虎也会捕食鹿和兔子，在极度饥饿的状态下也会吃青蛙或者贝壳。在一顿饱餐之后，它会找一个阴凉的地方稍作休息，然后吃一些橡子帮助消化。接着它会到水边洗去鼻子和嘴上粘着的血迹以及牙缝里的食物。大家在消化不良的时候，也可以试着吃一些橡子和板栗噢！

◆ 正确答案是②

老虎是怎样防暑降温的呢?

① 用尾巴蘸水洒在身上

啊~真舒服!

② 用嘴含水喷在身上

③ 用泥巴沾满全身

④ 爬到水边的树上休息

如果说狮子是非洲的动物之王,那么老虎就是亚洲的动物之王。老虎原本是在寒冷地区生活的动物,所以非常怕热。生活在热带地区的苏门答腊虎或者印度虎会跳入水池或者河里避暑,但是生活在北部的老虎却并不经常洗澡。它们会用尾巴蘸取河水洒在身上。

◆ 正确答案是①

57

动物园中的老虎早上起床后做的第一件事是什么?

① 大小便

② 喝水

③ 做早操

④ 大声咆哮

老虎早上一起床就会大小便，但是这里面有一些我们不知道的小知识。老虎会利用大小便来标记自己的领地。虽然动物园中的老虎已经被我们圈养起来，但是它们还是保持着用大小便来表示自己领土的野生习性。另外它们在地上行走的时候会留下脚印，这也是另一种标记领地的方法。

◆ 正确答案是①

金钱豹在捕捉到猎物之后会把猎物放到树上。此时金钱豹会首先做什么呢？

① 喝水

② 剥猎物的皮

③ 把不喜欢吃的部分扔掉

④ 睡觉

金钱豹的腿和下巴都非常发达，所以它能把体型比自己大得多的猎物叼起来挂到树上。一旦把食物转移到安全地带，金钱豹会先美美地睡上一觉，因为经过一段时间以后，动物的肉味道会更好。据说金钱豹会一直在存放食物的地方，直到把食物都吃完。

◆ 正确答案是④

下列关于美洲大陆的动物之王——
美洲豹的描述，哪一个是正确的呢？

① 性情凶残，会袭击人类

② 从小身上就有花纹

③ 只生活在北美

④ 主要生活在沙漠地区

　　美洲狮和捷豹并称美洲大陆最凶猛的动物。自加拿大西部到南美的热带雨林地区均有分布。它们不仅生活在沙漠地区，还生活在平原、丛林中。美洲豹几乎不会袭击人类。刚出生的小美洲狮身上会有很大的花纹，但是出生3个月后花纹就会渐渐消失。

◆ 正确答案是②

非洲猎豹会把还没有完全死亡的猎
物丢给幼崽，这是为什么呢？

① 为了让幼崽来杀死猎物

加油！

② 此时的肉味道更好

真的！
太好吃了！！

③ 为了不让秃鹰
发现

讨厌的家
伙们……

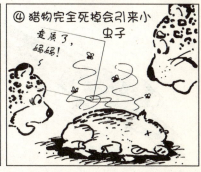

④ 猎物完全死掉会引来小
虫子

变质了，
妈妈！

非洲猎豹在捕捉野猪或者羚羊的时候并不会完全把猎物弄死，
而是仅仅咬坏猎物的四肢，使它们无法逃跑。之后它们会让幼崽来
杀死猎物，这是为了提高幼崽捕猎能力的最初步锻炼。现实生活中，
动物园里的猛兽幼崽们因为没有接受过这样的基础锻炼，已经基本
失去了捕猎的能力。

◆ 正确答案是①

61

下列猫科动物中，哪种动物的脚趾甲是无法藏起来的？

① 狮子

② 金钱豹

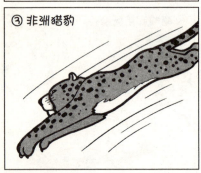

③ 非洲猎豹

④ 美洲豹

　　和其他的猫科动物不同，非洲猎豹无法把自己的脚趾甲给藏起来，这是因为它隐藏趾甲的肉垫不发达的缘故。并且，虽然非洲猎豹的时速可以达到 110 千米，但是露在外面的趾甲因为受到磨损，所以并不能充当锋利的武器。非洲猎豹是世界上跑得最快的动物之一，但它并没有锐利的趾甲呢。

◆　正确答案是③

下列关于美洲豹与金钱豹的叙述，哪个是正确的呢？

① 会捕食鳄鱼

② 金钱豹比美洲豹体型大

③ 因为不会游泳，所以不能入水

④ 不擅长爬树

　　金钱豹主要生活在美洲中部和南部。人们很难把它与美洲豹区别开来，但是美洲豹体型更大，而且它们身上的花纹也不一样。金钱豹主要在夜间活动，是游泳能手，同时也很擅长爬树。金钱豹会捕食猴子和树獭，也会捕食鳄鱼、蛇或乌龟等爬行类动物。很神奇吧，连看起来似乎不存在天敌的鳄鱼也是金钱豹的盆中餐呢。

◆ 正确答案是①

美洲豹、金钱豹、非洲猎豹三者间有什么不同呢？

区别	美洲豹	金钱豹	非洲猎豹
肩高	70~75 厘米	60~70 厘米	约 75 厘米
体重	70~120 千克	65~85 千克	45~55 千克
外形	腿短，胸宽，块头大	腿部肌肉发达	腿长，身体较苗条，头很小。尾巴末端有花纹
花纹			
生活地区	中南美洲的草原及森林	非洲和亚洲的南部草原及森林	非洲草原

猞猁和其他猫科动物相比有两个显著区别，是哪两个呢？

① 睑上长着长长的胡须

② 主要在白天活动

③ 尾巴很短

④ 体毛会随着季节的变化而改变

　　猞猁主要生活在寒冷地区，它们和老虎一样，长着长长的胡须。和其他猫科动物一样，它们也是夜行性动物。有所不同的是，猞猁的尾巴很短，而且毛色在夏天与冬天是不同的。在下雪的冬天，它们身上的斑点会消失，白色的体毛会增多，形成一种保护色。所以在捕食的时候它们能不动声色地接近猎物。猞猁主要以兔子、田鼠和小鹿为食。

◆ 正确答案是③和④

 非洲的利比亚野猫对一只田鼠紧追不舍。这时田鼠钻到了地洞，那么利比亚野猫会怎么样做呢？

① 用前腿刨洞后，抓住田鼠

② 插入树枝

③ 一直等在地洞旁

④ 撒完尿后离开

在非洲大沙漠中，数以万计的动物以它们独特的生活方式生活着。其中田鼠是利比亚野猫最喜爱的食物。但是被追逐的田鼠会立即钻入复杂的地洞里。利比亚野猫不得不暂时放弃，但是它为了记住那个位置，会在旁边撒尿做标记。之后它就会离开，等到夜晚再回来。

◆ 正确答案是④

 非洲野生猎犬会以集体的模式一起狩猎。那么它们在狩猎前一定会做的事是什么呢？

① 站在一排接受领导者巡视

② 聚在一起讨论狩猎战术，互相鼓励

③ 向着猎物咆哮

④ 撒尿

    非洲野生猎犬的合作精神非常强，有时候甚至会由 60 头共同组成一个群体。它们在打猎之前，会聚在一起显示出自己的团结力。"好，出发吧。绝对不能失败！"它们会像这样制造出一种高亢的氛围，据说它们的战术成功率超过百分之九十。

◆ 正确答案是②

非洲野生猎犬的世界等级制度非常严格。那么地位高的非洲野生猎犬会如何小便呢？

① 身体倒立着

② 半蹲着

③ 提起前腿

④ 四条腿站立着

　　根据地位的不同，非洲野生猎犬的小便姿势也是不通的。等级最低的猎犬会半蹲着撒尿，地位高的猎犬会在撒尿时提起一条或两条后腿，呈倒立的姿态。

◆ 正确答案是①

捕猎完成后，为了给幼崽喂食，非洲野生猎犬是如何搬运猎物的呢？

① 用嘴拖着食物慢慢搬运

② 用嘴叼取着适量食物

③ 专门捕捉小动物

④ 把吃进去的食物吐出来喂给幼崽

　　当非洲野生猎犬外出狩猎时，一些老弱病残的猎犬就负责在家照顾幼崽，防御敌人的入侵。狩猎归来的猎犬会把吃下去的食物吐出一部分来喂给幼崽和其他猎犬。这是一种营养交换，在哺乳类动物中很常见。

◆ 正确答案是④

在胡狼的世界里也是存在等级的。
那么胡狼是如何对等级比自己高的同类
表达敬意的呢？

① 尾巴下垂，并低头

② 平躺着，露出肚皮

③ 趴在地面上

④ 举起一条腿敬礼

　　胡狼与鬣狗一样生活在南美，是肉食动物，对气味很敏感。它是夜行性动物，几乎什么都吃，食欲很好，甚至还会吃蚂蚁那样的小昆虫。面对等级比自己高的同类，胡狼会平躺在地上，露出肚皮，表示自己完全没有反抗的意愿。

◆ 正确答案是②

鬣狗为什么不能独自捕捉猎物？

① 懒惰

② 不擅长奔跑

③ 没有力气

④ 本来就喜欢吃剩的东西

　　鬣狗的后腿比前腿短且无力，所以无法奔跑和弹跳，它们只能吃别的动物吃剩下的食物。它们有灵敏的鼻子，能够很快发现哪里有食物。同时，他们还可以用有力的下巴和尖锐的牙齿撕咬食物。如果鬣狗能有强壮的后腿，那么也不会过这种乞丐一般的生活。不过要是那样的话，非洲草原上的垃圾就堆积成山了。

◆ 正确答案是②

下列选项中，狼嚎叫的原因不包括哪个？

① 想表示自己的存在

我在这里呐~~

② 想交配

亲爱的~

③ 与其他狼群交流

你们在干什么？

在睡觉！

④ 肚子饿了

肚子饿死了！

　　狼是群居动物，以头目为中心开展捕猎活动。春天和夏天食物丰富，所以经常以小团体的方式进行狩猎。到了冬天，猎物捕捉起来相对比较困难，所以几个小团体会聚集起来一起捕猎。在这个时候，狼群们会在各自的领域上大声嚎叫，让同伴们知道自己的存在和位置。狼群主要会以鹿和野牛为捕捉对象，但是有时候也会袭击牧场里的牛和羊。

◆ 正确答案是④

我们白天看见的狐狸的眼珠是什么样的呢？

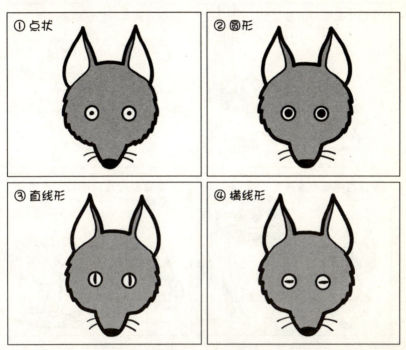

① 点状

② 圆形

③ 直线形

④ 横线形

　　犬科动物的眼珠都是圆形的，但是狐狸的眼睛却是和猫科动物一样呈直线形。狐狸是夜行性动物，根据皮毛的颜色不同，可以分为红狐狸、黑狐狸，另外白狐狸也被叫作灰狐狸。生活在我国的狐狸属于红狐狸，尾巴下方会释放出难闻的气体。捕食者会根据这种味道来追击狐狸。狐狸一般一次会产下 5 只小狐狸，因为没有掘洞的能力，所以它们会霸占貉子的洞穴。

◆ 正确答案是③

狐狸妈妈会采用何种方式使小狐狸独立呢？

① 把小狐狸赶出去

② 在去散步时自己悄悄溜走

③ 在夜晚悄悄离开

④ 故意自己独立捕食，不管小狐狸

当小狐狸长大后，狐狸妈妈不会离开家，而是会把小狐狸赶出去。小狐狸会经常跑回窝里，但狐狸妈妈还是会无情地把它们叼起来扔出去。因此小狐狸们就只能自己想办法独立生活了。

◆ 正确答案是①

 费内库斯狐靠捕食小昆虫为生，它们还能够捕捉藏在地下的虫子。请问这其中的秘诀是什么呢？

① 能够靠气味寻找到有食物的地方

② 能够靠声音判断虫子的运动方向

③ 利用诱饵抓住虫子

④ 把长舌头伸入地下舔出虫子

费内库斯狐长着一对大耳朵，它的听觉十分发达。因此，在捕食的时候，它会把耳朵紧贴地面，听地下的昆虫发出的细微声响。它不仅能听见地下昆虫的声音，连地上昆虫的声音也能了如指掌。并且，它还能根据敌人的声音及时逃离。

◆ 正确答案是②

75

 北极狐有一些与众不同的地方。下列选项中不属于北极狐特点的是哪个呢?

① 体毛很长,呈白色

② 体形庞大

③ 耳朵很小

④ 尾巴很长

　　生活在极地地区的动物为了抵御严寒和大风,总是有许多独特的方法。把属于同一种类的动物进行比较后,我们可以发现,生活环境越寒冷,动物的体形越大,而身体器官却越小。这样体形在那样的生存环境中对自身是有利的,因为大的鼻子、尾巴、腿、耳朵会抢夺身体表面的热量。北极狐生活在雪地里,所以皮毛是白色的,也是它的保护色。长长的体毛具有很好的保温效果。相反,沙漠狐的大耳朵却担负着降低体温的作用。

◆ 正确答案是④

獴是蛇的天敌，下列关于獴的叙述哪个是错误的呢？

① 是黄鼠狼科的动物

咱们是亲戚呢……

② 脚趾甲不能收起来

③ 被毒蛇咬到会死

④ 比起蛇来，更喜欢吃老鼠和小昆虫

　　獴是蛇的天敌，但只要不是万不得已情况，它会尽量避免与蛇的交锋，特别是毒蛇，那是十分危险的。獴的外形和黄鼠狼很像，但它其实是麝香猫科类的动物。獴的家乡是斯里兰卡，据说那里有很多蛇，因此很多人说它们是天敌。

◆ 正确答案是①

獴与蛇争斗的时候，会最先咬住蛇的哪个部分呢？

① 尾巴

② 脖子

③ 上颚

④ 胡乱嘶咬

　　虽然獴很擅长捕蛇，但它并不能抵御所有的蛇毒，所以如果胡乱嘶咬的话，獴也很难幸免遇难。体形瘦小的獴会巧妙地躲避蛇的攻击，并且还能快速回击，因此它被认为是蛇的天敌。如果一旦开始与毒蛇的争斗，那么獴会首先嘶咬蛇毒液和毒汁聚集的上颚。虽然这是个危险的部位，但是一旦咬下，蛇就必死无疑了。

◆ 正确答案是③

5. 草食动物

解题之前

　　草食动物位于食物链顶端，主要食物是绿色食品，例如树叶、果实、草等，因此草食动物也被称为"第一消费者"。因为食物的分布范围很广，所以对于草食动物来说寻找食物并不困难，因此草食动物的性格也很温顺，不像肉食动物那样凶猛。草食动物不会主动攻击其他动物，遇到攻击时也大多采取逃跑等防御手段。

　　草食动物的食物中包含了大量纤维素，因此几乎所有的草食动物都有自己独特的消化系统。牛、鹿、骆驼等动物有"反刍胃（回嚼胃）"，能够把吃下去的食物软化，然后吐出来再一次咀嚼吞咽。正因为如此，它们可以轻松地食用其他动物很难消化的草，而且还能在短时间内吃下大量的食物。

　　在本章中，让我们一起来了解安静而温和的食草动物吧。

 大象的食物有树叶、草以及果实等。下面哪个选项是印度象为了磨牙而选择的食物？

① 骨头

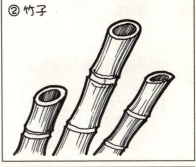
② 竹子

③ 木桩

④ 蛋壳

　　为了使牙齿更锋利，大象经常会吃一些竹子。它会用脚把结实的竹子压断，然后用鼻子卷起来吃。竹子可以提供给大象所缺乏的营养物质。生活在非洲干旱草原上的大象会利用动物骨头来补充钙质。大象一天平均要吃 300 千克的食物。

◆ 正确答案是②

大象如果见到老朋友的话，会用很多方式来进行问候。下列几种方式中，哪种是不正确的呢？

① 互相磨蹭身体

② 轻轻撞击头部

③ 把鼻子卷在一起

④ 把鼻子伸到对方嘴里

　　大象遇见久违的老朋友会互相磨蹭身体来增加亲近感，特别要好的朋友之间还会把鼻子伸到对方嘴里，进行大象式的接吻。它们还会把鼻子卷在一起，就像人们握手的场面一样。

◆ 正确答案是②

 大象很喜欢水，下列哪个理由是不正确的？

① 可以吃水里的水草和绿藻

② 可以洗澡

③ 可以调节体温

④ 可以洗掉身上的虫子

　　大象是跟着集体一起移动的，一旦遇见水池或小水潭，它们就会跳进去嬉闹好几个小时。大象会用鼻子吸水，然后喷洒在身上，或者干脆泡在水里洗澡。这样做不仅能洗去身上的污渍，解暑降温，还能调节体温。同时，这样做还能洗去身上的寄生虫。如果没有水的话，大象也会在泥土或者沙地里打滚，这也是为了去除寄生在身上的小虫子。

◆ 正确答案是①

大象是如何喂奶的呢？

① 用鼻子把奶水送到小象

② 小象用鼻子吸奶

③ 母象躺着喂奶

④ 小象站着用嘴吸奶

　　小象会站在母象身旁，用嘴直接吸奶。小象在出生后 48 小时就能跟随母象行走，这时母象会不时地回头看看小象。公象也会在离母象和小象稍微有点距离的地方守护家人。

◆ 正确答案是④

 据说到现在还没有人见过大象的坟墓。那么大象是如何度过自己最后的时光的呢？

① 沉入水底

② 跳下悬崖

③ 用落叶和泥土把自己盖起来

④ 独自外出，死在江边

几乎没有人发现过大象的尸体。人们一般认为老年大象在死之前有必去的场所，因此提出了许多不同的推测。不过那些关于大象用昂贵的象牙装饰墓穴的说法就只能是幻想了。老年大象或者患病的大象会主动脱离象群独立生活，它们会在树林里或者江边结束自己的生命。由于大象的尸体会很快被别的动物吃掉，骨头也会立即被细菌所腐蚀，所以几乎不会留下任何痕迹。

◆ 正确答案是④

印度象与非洲象的区别

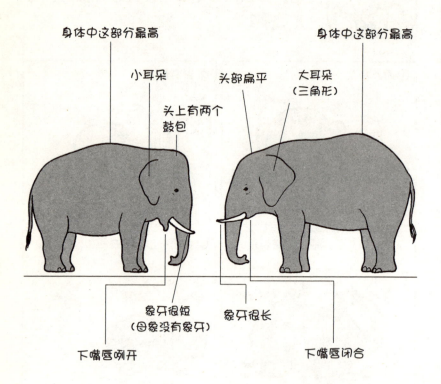

身体中这部分最高

小耳朵

头上有两个鼓包

头部扁平

大耳朵（三角形）

身体中这部分最高

象牙很短（母象没有象牙）

象牙很长

下嘴唇咧开

下嘴唇闭合

高：2.5~3 米
体长：5~6 米
体重：4~5 吨

高：3~4 米
体长：6~7 米
体重：6~7 吨

印度象

非洲象

长颈鹿的舌头是什么样的呢?

① 扁平的

② 末端是圆的

③ 尖细

④ 末端很细，而且是黑色的

　　长颈鹿的舌头长达 45 厘米，而且非常细长。上端是粉红色，末端是黑色，并且末端部分非常坚硬。在吃树叶的时候，长颈鹿不会一片一片的咀嚼，而是利用细长而坚硬的黑色部分把树叶全部卷到嘴里，这样叶子就会"呼啦啦"全部进入嘴里了。利用这种方式，长颈鹿一天可以吃 35 千克的树叶。

◆　正确答案是④

长颈鹿有几只角？

①2只

②3只

③4只

④5只

　　长颈鹿头上长着角，从出生开始，它的额头两边就长着两只角。长大后在前额还会长出一只角，脑顶也会再长出两只，于是一共就有5只角。虽然我们似乎只能看到两只大的角，但是仔细看还是可以发现剩下的角噢。

◆ 正确答案是④

长颈鹿在喝水时会略微弯下身体和两腿。当喝完水后,它会如何恢复原状?

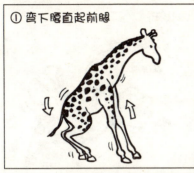

① 弯下腰直起前腿

② 晃动身体,利用反冲力支起前腿

③ 一点点支起前腿

④ 把头贴在地上然后站起来

长颈鹿的脖子很沉,光是脖子就有 250 千克,但这仅仅是身体重量的 1/4。和其他哺乳类动物一样,长颈鹿有 7 块颈骨。长颈鹿在喝完水之后,如果想要恢复原状,它就会先快速抬低头,利用巨大的反冲力抬起腿。对于长颈鹿来说,低下脖子是很容易的,不过要重新抬起来是很困难的。

◆ 正确答案是②

长颈鹿的叫声与哪种动物比较相像?

① 马

呼 呼 呼……呼

② 山羊

咩咩咩

③ 猪

呼噜

④ 长颈鹿无法发出声音

　　没有人听过长颈鹿的叫声。学者指出,长颈鹿会发出非常低的,类似于超声波的声音来交换信息,但是它们并不能发出正常的声音。长颈鹿拥有非常出色的视觉和听觉,由于比其他动物长得高,所以它能快速发现敌人,也有可能是因为这样,声音才退化了吧?

◆ 正确答案是④

 长颈鹿在被狮子追逐的时候，尾巴是什么样子的呢？

① 直至向天

② 水平飘着

③ 绕成一个圈

④ 夹在两条腿中间

　　长颈鹿在奔跑的时候尾巴是竖直指向天空的。它的尾巴上也有和狮子一样的长毛，在奔跑的时候会飘起来。长颈鹿奔跑的时候和马很相似，但是由于它的脖子很长，所以看起来很危险。长颈鹿的时速能达到大约 50 千米 / 小时，一旦遇到狮子，大部分都会选择逃跑。不过也有一些勇敢的长颈鹿会用自己结实的蹄子进行反击。

◆　正确答案是①

 河马在水中是采取何种姿势在水游泳的呢?

① 蛙泳

② 狗爬式

③ 自由泳

④ 河马不会游泳

　　除了进食，河马大部分时间都在水里度过。河马的体形仅次于大象，它看起来像是游泳能手，但其实并不会游泳。虽然它有时候会进入深水区，但由于体形庞大，所以可以在水下行走。河马可以在水下一次性潜水约 5 分钟。它会在水中产崽，也会在水中捕捉食物，这都是因为它体形过大，不适宜在岸上活动。

◆ 正确答案是④

河马经常在水中睡觉，那么它在睡觉的时候，脑袋是处于什么样的状态呢？

① 平躺着，只把鼻孔露出水面

② 用腿支着下巴

③ 把下巴顶在其他河马的背部

④ 把脑袋放在地面上

　　河马过着群居生活，彼此间不会争执，互相帮助，十分和睦。河马在水中睡觉的时候，会把下巴顶在其他河马的背部。即使从水中出来，它也喜欢把下巴支在其他物品之上。与庞大的头部比起来，河马的脑部非常小，所以它并不是一种机灵的动物呢。

◆　正确答案是③

 河马会如何向进入自己领地的侵入者证明自己的存在呢？

① 翘起屁股，晃动尾巴	② 张开嘴巴，大声喊叫

③ 张开嘴巴，发动攻击	④ 磨蹭后腿，张大鼻孔

　　河马会利用翘起屁股，晃动尾巴的方式来证明自己的存在。虽然不能确定这种方式是否会让对方逃跑，但是短尾巴呼呼转动的样子可真不像是河马呢。

◆ 正确答案是①

 河马在水中能和鲤鱼们友好相处。那么鲤鱼能从河马那里得到什么好处呢？

① 可以吃河马的排泄物

② 可以吃到以河马排泄物为食的小鱼

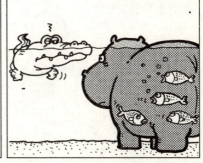

　　河马一天要吃下大约 100 千克的草，因此排泄量也很大。河马经常在水中排泄，它的排泄物就成了鲤鱼们的食物。河马的排泄物与钓鱼时使用的鱼饵很像，对鲤鱼来说是很好的美食。于是河马就这样默默地为鲤鱼们做着慈善事业。

◆ 正确答案是①

 两头力量和体形都差不多的河马争斗，那么哪只河马会赢呢？

① 力量更强大的河马

② 牙齿更锋利的河马

③ 体重更重的河马

④ 嘴更大的河马

嗷一

这个问题有些像脑筋急转弯，不过正确答案是嘴更大的河马会赢。河马在打架时，会拼命张大嘴巴来对决，因此嘴更大的河马显然占据了有利地位。

◆ 正确答案是④

小型河马是世界四大珍稀动物之一。下列关于小型河马的描述哪个是错误的呢?

① 有四个脚趾,并且和河马一样有脚蹼

② 过着独居生活

③ 生活在森林的湿地中

④ 比河马小得多

河马与小型河马的比较

区分	河马	小型河马
体重	约 4000 千克	约 200 千克
牙齿	上排：1 对 下排：2 对	上排：1 对 下排：1 对
脚	有脚蹼	无脚蹼
生活区域	平原的湖边或者江边	森林的湿地中

◆ 正确答案是①

生活在非洲的黑牙犀牛是如何标记自己的领地的呢？

① 晃动尾巴，排除粪便

② 用后腿挥洒粪便

③ 用角在树干上刻下痕迹

④ 在岩石上撒尿

　　黑牙犀牛生活在非洲撒哈拉沙漠南部的萨瓦纳地区。它们过着独居生活，以树叶，小树枝以及水果为食。它们的时速能达到50千米，视力很差，不过听觉和嗅觉都很发达。为了标记自己的领地，它们会在排出粪便后，用后腿把粪便挥洒得到处都是。

◆ 正确答案是②

印度犀牛有几只角？

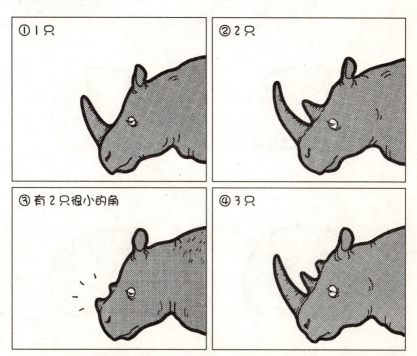

① 1只

② 2只

③ 有2只很小的角

④ 3只

犀牛的角和脚趾一样，是由皮肤角质堆积形成的，里面并没有骨头。犀牛角是珍贵的中药材料，被很多人所觊觎，因此在不久前犀牛曾面临过灭绝的危险。但是随着最近通过的动物保护法，犀牛的数量也有了大幅的增加。印度犀牛只有一只角，它的角十分坚硬。其他种类的犀牛都有两只角，其中苏门答腊犀牛的角和图片③中所示的一样，非常小。

◆ 正确答案是①

印度犀牛的门牙是怎么长的？

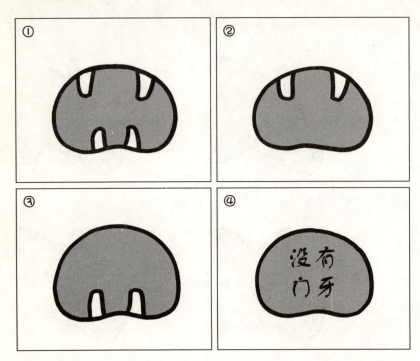

　　犀牛的臼齿很发达，长得像发达的沟壑，能帮助犀牛磨碎青草。苏门答腊犀牛与白犀牛都没有门牙，但是印度犀牛却在下排长着两颗门牙。但是由于犀牛的门牙没有什么作用，所以它们正处于退化之中。

◆ 正确答案是③

印度犀牛身上哪部分是长有体毛的呢？

① 全身都长着短短的毛

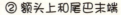

② 额头上和尾巴末端

③ 耳朵上和尾巴末端

④ 尾巴末端

　　苏门答腊犀牛全身都长着短短的毛。印度犀牛与非洲犀牛看起来似乎没有长毛，但实际上在耳朵和尾巴的末端是长有短毛的。犀牛的视力很差，分辨不出 10 米以外的东西，但是一旦对方动起来，它会毫不留情地向其发动攻击。所以如果大家在探险时遇到非洲犀牛，千万不要乱动，一定要站定在原来的地方。

◆ 正确答案是③

 一到发情期，印度犀牛就会展开热烈的求偶活动。那么印度犀牛是如何表达爱意的呢？

① 互相用角撞击对方

② 互相磨蹭身体

③ 一起散步

④ 亲吻对方

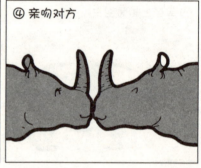

　　印度犀牛主要生活在尼泊尔、孟加拉国的高山地带。有些是1~2 头一起生活，有些是若干头一起生活。一般 30~50 天就是一次发情期，求爱活动非常激烈，异性犀牛间会用角互相撞击对方，看起来就像打架一样。犀牛怀孕的时间非常长，大概有 500 天，一次只能生产一头小犀牛。

◆ 正确答案是①

 下列动物中，哪种动物与犀牛的血缘关系最亲近？

① 河马

② 马

③ 牛

④ 鹿

就体形来说，犀牛与河马或者牛比较相近，但是它和马属于奇蹄目动物，所以犀牛与马的血缘关系最亲近。通过观察它们的脚趾，可以找到它们的共同点。奇蹄目动物的脚趾非常有特点，比如说马就只有第三个脚趾进化成了马蹄，其他的脚趾都退化了。仔细观察犀牛，我们可以发现它的耳朵和嘴唇都和马非常像。河马、牛以及鹿都属于无蹄目动物，它们的脚趾数量都是偶数，但是犀牛却有3个脚趾。

◆ 正确答案是②

马能够通过耳朵的转动来表达丰富多样的感情。那么马在昏昏欲睡的时候会怎样转动耳朵呢？

① 竖起耳朵

② 向后平放

③ 向两边伸开

④ 不停地转动

　　图①是马在心情愉快的时候会摆出的耳朵形态。②表示马很兴奋，④表示马很惊恐。马肚子饿的时候会用前腿猛击地面，然后大声喊叫。如果它用后腿猛击地面，就表示发出"你给我小心点！"的警号。

◆ 正确答案是③

马在心情愉悦的时候会怎么笑呢?

① 张大嘴，大声笑

② 抿着嘴笑

③ 露出上排牙齿笑

④ 露出全部的牙齿笑

　　马的上嘴唇很发达，在吃东西的时候也发挥着重要最用。它能够利用上嘴唇的蠕动而一次性吃进去许多草。马在笑的时候会露出上排牙齿。

◆ 正确答案是③

马站着睡觉的时候，头部是出于什么样的状态呢？

① 把下巴放在地上，支撑身体

② 把头支在一定高度的位置上

③ 把头后仰

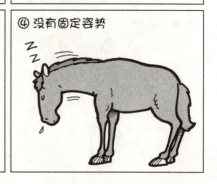

④ 没有固定姿势

马如果不是生病或是快要死了，一般是不会躺在地上的。马偶尔会缩起腿趴在地上睡，但是打瞌睡的时候它会把下巴放在地上支撑着身体。只有快要死去的马才会完全躺在地上。

◆ 正确答案是①

刚出生的小马除了喝母亲的乳汁外，还会吃什么食物呢？

① 水

② 嚼碎的草

③ 口水

④ 母亲的粪便

小马在出生后 4~5 小时就会走路，5~6 个月后就离开母亲独立生活。除了乳汁以外，小马还会吃母亲的粪便，这种习性在它们出生后的 2~7 天里可以看见。母亲的排泄物可以充当营养剂与腹泻药的功能。但是在赛马场一般认为这种习性会诱发其他的疾病，因此禁止小马吃排泄物，而是会用人工手段为小马补充营养物质。

◆ 正确答案是④

小马脑袋发痒的时候，会用哪条腿挠呢？

① 左前腿

② 右前腿

③ 左后腿

④ 右后腿

　　小马会用左后腿挠头。虽然这里面没有什么确切的理由，但大部分小马都是用左后腿挠头的，这应该是一种天生的习性。

◆ 正确答案是③

下列关于斑马尾巴的说法哪个是正确的呢?

① 和马尾巴很像

② 尾巴末端有一簇长毛

③ 是扇形的

④ 尾巴很短且无毛

　　斑马的尾巴是淡黄底黑条纹的,为把末端有一簇长毛。尾巴的普通长度是 50 厘米,但是根据斑马种类的不同,长度也会有少许差异。圆形耳廓的灰斑马与脖子上有长毛的查普曼斑马,以及羚羊都成群结队地生活在草原上。山斑马只生活在山里,若干只聚集起来形成一个小集体。只有脸部和颈部有条纹的斑马已经灭绝了。

◆ 正确答案是②

下列关于斑马习性的描述，哪个是错误的呢？

① 会与羚羊或者鹿群一起生活

② 在日出和日落的时候会在水边吃草

③ 由领导者带领队伍

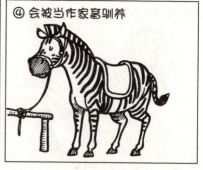

④ 会被当作家畜驯养

　　斑马均匀地分布在非洲的撒哈拉沙漠里，过着群居生活。它们会与羚羊或者鹿群一起生活，日出和日落的时候在水边吃草。年长的公斑马是领导者，站在前面带领队伍前进。面对敌人的袭击，斑马们会层层包围对方，进行集体防御。在很久以前，人们曾经费尽心机地想把斑马驯养成家畜，但由于斑马抵御疾病的免疫力实在太弱了，所以最后还是以失败告终。

◆ 正确答案是④

 斑马在非洲大陆上持续行进，一旦大陆上的水都干涸了，它们会以什么方式来获取水分呢？

① 吃仙人掌

② 吃水分充足的泥土

③ 掘洞

④ 舔食露水

　　在所有的动物中，斑马会以最为积极的方式寻找水源，那就是掘洞取水。因此斑马也被叫做"挖井能手"。斑马能够依靠本能判断可能存在水源的位置，然后用脚趾挖洞。它们甚至还能挖出深度超过1米的水井。斑马掘出的水井也造福了其他动物。另外，兔子有时候也会挖洞寻找水源呢。

◆ 正确答案是③

骆驼的驼峰里有什么呢？

① 水

② 油

③ 骨头

④ 什么都没有

空空的

　　骆驼分单峰骆驼和双峰骆驼两类。骆驼可以好几天不喝水，其中一个重要的理由就是驼峰里蕴藏着大量油脂。这些油脂可以分解出水分，然后让身体吸收。如果不及时补充营养成分的话，驼峰会渐渐变小，最终消失。

◆ 正确答案是②

骆驼的鼻子与鹿的鼻子非常相像，但是有一个显著的不同点。请问这个不同点是什么呢？

① 可以用鼻子喝水

② 嗅觉灵敏，可以找到远处的食物

③ 可以随意开闭鼻孔

咔嚓！……

④ 可以利用强大的鼻吸吹起沙土

　　骆驼能够适应沙漠中的特殊环境，它的身体有很多独特的构造。其中一个就是它的鼻孔，它能够随心所欲地打开或者闭合鼻孔，因此不会让沙子进入鼻孔内。并且，骆驼还有长而密的睫毛，可以遮挡阳光和风沙，起到保护眼睛的作用。

◆ 正确答案是③

 骆驼有很多种方法能够克服沙漠的酷热。请问下列方法中不正确的是哪个呢？

① 骆驼的驼峰可以充当冷气机

② 可以根据温度来改变体温

③ 背上的毛可以阻挡直射光线

④ 热的时候会把舌头吐出来降温

　　骆驼的"驼峰"重量占体重的十分之一。虽然很沉，好在能起到小型冷气机的作用。另外，骆驼是热血动物，可以根据外界的温度变化来调整自身的体温。骆驼头部、颈部、背部的毛发可以用来阻挡太阳的直射光线。

◆ 正确答案是④

 生活在安第斯山的安第斯骆马是印第安人生活中不可缺少的重要动物。请问下列哪项属于骆马的作用？

① 充当印第安人的交通工具

② 皮毛可以做衣服

③ 可以看管行李

④ 粪便可以当柴火

团体燃料制造机

骆马生活在南美洲的高山地区，可以用来驮重物。它的皮毛主要是用来做垫子的。但是，骆马的粪便是很重要的柴火，晒干后可以成为和炭一样的燃料。现在随着交通手段的不断进步，骆马几乎要被淘汰了，但是很多游客喜欢和它合影留念，所以骆马带来的收入还是增加得很迅速的。

◆ 正确答案是④

骆马在发火的时候会有什么举动呢?

① 吐口水

② 撕咬

③ 用后腿踹

④ 坐在地上不起来

　　骆马自几千年前就开始被人类所驯养,所以在它身上几乎看不到攻击的本能。但是,如果没有及时给它准备食物或者由于别的原因被惹怒了,骆马会朝人吐口水,表示自己的不满。它的口水带有很刺鼻的胃液味道,所以一旦被它吐中了,那可就是致命性的打击呀。

◆ 正确答案是①

下列最擅长跳高的动物是哪个呢？

① 马

② 袋鼠

③ 美洲狮

④ 羚羊

　　羚羊是公认的跳高冠军，它的跳高高度可以达到 8.3 米，连超过 7 米的三层建筑也可以跳上。第二位是美洲狮，可以达到 3.7 米，第三位是袋鼠，可以达到 3 米。马可以跳至 2.5 米。同时，羚羊也是跳远冠军，可以跳至 12.5 米远。在赛跑中，羚羊也是除了猎豹以外，在陆地上跑得最快的动物。

◆ 正确答案是④

汤氏瞪羚在交配前会如何向心上人示爱呢？

① 用角戳对方的后腿

② 互相磨蹭身体

③ 不停地伸缩脖子

④ 给对方看自己的侧脸

　　汤氏瞪羚有一对美丽的犄角，它们是主要生活在非洲草原的草食动物。汤氏瞪羚在奔跑时的时速可以达到 75 千米。它们和斑马一样，是狮子喜爱的食物。汤氏瞪羚在交配前会用角戳对方的后腿来探究对方的意愿。而②③④都是鹿的求爱行为。

◆　正确答案是①

欧洲红鹿在求偶期会做出什么行为呢？

① 大声喊叫

② 流眼泪

③ 在地上打滚

④ 用角撞击树木

欧洲红鹿为了求偶而寻找异性的时候，眼睛里会流出像眼泪一样的分泌物。把这种分泌物涂在树枝上，可以发出只有它们自己才能闻到的特殊味道。因此，欧洲红鹿就能用这种方式找到配偶。

◆ 正确方式是②

 鹿在觉察到危险的时候，会怎样向同伴们发出警戒信号呢？

① 仰天长啸

② 摇尾巴

③ 在原地不停跳动

④ 快速奔跑

　　一般来说，鹿过着集体生活。在早晨和夜晚，它们寻找食物，日子过得很悠闲。一旦它们预感大了危险，就会竖起白色的尾巴不停摇动，警告同伴。鹿是猛兽们盘中的常客，它们没有特别的武器，所以它们的感觉十分敏锐，对危险的警觉性很高。

◆ 正确答案是②

 塞一加山羊是生活在西伯利亚的一种鹿，别名叫大鼻鹿。那么它的大鼻子有什么作用呢？

① 在喊叫的时候能够发出更大的声音

② 可以在寒冷的环境里储存养分

③ 使寒冷的空气变暖

④ 嗅觉十分灵敏

　　塞一加山羊生活在寒冷的地区，所以经常要呼吸寒冷的空气。但是寒冷的空气一旦进入鼻腔，就会变得温暖起来，这样就能舒适地进入体内了。只要我们联想一下冷热净水器的原理，就能恍然大悟了。它们的角是珍贵的药材，而它们奔跑的时速能达到 60 千米。

◆ 正确答案是③

阿拉斯加的驯鹿是如何克服北极寒冷的气候的呢？

① 肚子上也长了许多毛

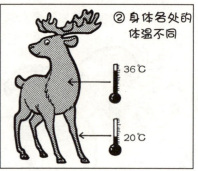

② 身体各处的体温不同

36℃

20℃

③ 耳部的皮肤很厚实

④ 忍耐力强

驯鹿全身都长满了毛，所以当天气炎热或者奔跑时，如果热量得不到释放是不行的。但是它们的肚子上只有一些稀疏的毛，耳部的皮肤也很薄，可以充当冷气机的作用。驯鹿身体各处的体温都不一样，所以能够很好地克服严寒。也就是说，心脏里的血液在腿部变冷，但是再一次流动回来就会变暖，因此驯鹿感受不到与外部的温度差。

◆ 正确答案是②

二趾树懒生活在树上，为了防止被敌人发现，它们会如何伪装自己呢？

① 在体毛中种植苔藓

② 躲在枝繁叶茂的树上

③ 紧贴在与毛色接近的树上

④ 把树叶塞在毛里

　　二趾树懒的智能不高，每天都在树上睡至少 18 个小时。它能够根据气温来改变体温，是变温动物。虽然是哺乳类动物，但是运动速度很慢，一小时只能移动 80 厘米。它的听觉很迟钝，但是嗅觉却十分发达，所以能够分辨出自己爱吃的叶子和果实。二趾树懒的体表有很多小槽，上面长着许多苔藓等植物，可以把它们身体的颜色和周围的环境融为一体，成为一种保护色。

◆ 正确答案是①

兔子的眼睛是红色的，那么它死后眼睛会变成什么颜色呢？

① 白色

② 黑色

③ 会出现黑点

④ 还是红色

　　大部分脊椎动物的眼睛里都有虹膜，所以能够根据光线的强弱来改变瞳孔的大小。在动物活着的时候，虹膜内部总是不停地注入新的血液。其他动物的虹膜都是有颜色的，所以看不见里面的血。但是兔子的虹膜是无色透明的，所以我们可以看见里面红色的血液。兔子死了之后血液不再进入虹膜，所以眼睛就变成白色的了。

◆　正确答案是①

兔子为了补充自身所缺乏的营养，会吃哪种食物呢？

① 水果

② 昆虫

③ 蚯蚓

④ 自己的粪便

对于兔子来说，自身排出的粪便是一种很珍贵的营养物质。虽然不知道味道如何，但是兔子的粪便中含有丰富的蛋白质和维生素。草食动物中，像牛一样的回嚼动物会把草先吞进胃里，经过微生物的发酵之后，再吐出来重新咀嚼。兔子没有反刍需要的若干个胃，所以在肠中进行发酵时，就产生了含有蛋白质和维生素的粪便。兔子通过食用自己的粪便，就能补充自身缺乏的蛋白质和维生素。

◆ 正确答案是④

125

兔子在奋力奔跑的时候，耳朵是什么样的呢？

① 向后甩

② 向两边甩

③ 前后摇晃

④ 还是竖直的

　　兔子在奋力奔跑的时候，耳朵是竖直的。我们一般都会认为，耳朵向后甩能适应风向，所以可以跑得更快。但是兔子的耳朵十分灵敏，是重要的听力工具，同时也是散发自身热量的重要构造。兔子为了散发自身的热量，必须要使耳朵竖立起来，才能让身体保持正常的温度。

◆ 正确答案是④

兔子为什么会蹦蹦跳跳呢？

① 喜欢跳

② 天生没法走路

③ 性子太急躁

④ 腿部的构造就只能跳

　　兔子的前腿很短，但是后腿却很长。我们仔细想想兔子走路的样子，就会发现和图②一样，得费很大的劲。所以即使是在安全情况或者很短的距离中，兔子还是会蹦蹦跳跳着行动。另外，兔子短短的前腿有利于上山，但是却很不适合下山呢。

◆　正确答案是④

北眼兔在冬天到来之前会做什么准备呢？

① 毛变长了

② 毛色变白了

③ 储备粮食

④ 为了冬眠而掘洞

　　北眼兔是山兔种的一种，大部分山兔的毛色在夏天和冬天是不一样的。夏天是深色，冬天就以白色作为保护色。北眼兔崽冬天的时候，全身的毛都会变成纯白色。这样的话就不会被敌人发现，能够在雪地里找到食物。

◆ 正确答案是②

6. 杂食动物

解题之前

其实，准确地说，能把所有的东西都当作食物的动物只有人类了。

所有动物都有自己喜爱的食物。但是为了摄取不足的营养，或是为了填饱肚子，大部分动物还是会吃一些别的食物。人类也是一样，有特别喜欢肉食的人，也有只吃蔬菜的素食主义者。动物也有自己独特的食性，比如生活在西藏的一种羊就靠吃竹子为生，另外还有只吃水果的蝙蝠，以及在秋天只吃果实的狐狸和貂。

大部分杂食性动物原来都是肉食动物。猴子是很具代表性的杂食动物，我们将会在后面的章节中把它单独列出来学习。杂食性动物的食性和习性都很丰富多样，关于对它们所出的小测验也是非常有趣呢。

公熊猫是如何向母熊猫求婚的呢？

① 用跳舞的方式来接近对方

② 背对着接近对方

③ 哭着诉求

④ 大声喊叫

　　野生熊猫一般过着独居生活，一到春天就是结婚的季节，于是会由若干只熊猫聚集成一个小团体。公熊猫会把屁股对着母熊猫，慢慢地接近对方。这是为了能让母熊猫更容易闻到自己的味道。如果母熊猫不满意，那么公熊猫很有可能会挨揍噢。

◆ 正确答案是②

大熊猫刚出生的时候是什么颜色的呢？

① 肉色

② 白色

③ 黑色

④ 和母亲一样黑白相间

　　刚出生的大熊猫和绝大多数哺乳动物一样是肉色的。熊猫妈妈会在秋天至冬天的这段时间产下 1~2 只幼崽，幼崽要在 3 个月后才能行走。虽然它们在动物园内的繁殖率很低，但是最近出现了很多成功繁殖的消息，吸引了很多人的注意。

◆ 正确答案是①

大熊猫的毛色是黑白相间的。随着大熊猫幼崽的逐渐长大，身上也会慢慢出现黑色的斑点。那么最后产生黑色斑点的身体部位是哪里呢？

① 鼻子

② 眼部周围

③ 耳朵

④ 腿

　　大熊猫全身会按照一定的顺序产生与身体协调的黑色斑点，最开始是眼睛周围，然后是耳朵，接着是四肢。由于鼻子上没有体毛覆盖，所以要过很长时间才会变成黑色。

◆　正确答案是①

下列哪种动物与熊猫关系最为亲近？

① 眼镜熊

② 野猪

③ 考拉

④ 貉

　　熊猫也被叫做猫熊，是属于美国貉科的动物。熊猫又分大熊猫和小熊猫，我们平时说的那种可爱的熊猫一般都是指大熊猫。熊猫的故乡是中国，它们分布在海拔为 1800~4000 米的高山地区，主要以蘑菇和竹笋为食，有时候也会捕食小动物。现在野生熊猫的数量并不多，全世界的动物园都在努力做着熊猫的保护工作。

◆ 正确答案是④

小熊猫也叫浣熊，请问它的尾巴是什么样的呢？

　　小熊猫是夜行性动物，它们擅长爬树，这一点和大熊猫很相似。小熊猫的体长大概为 60 厘米，尾巴长度为 50 厘米左右，非常长。像貉的尾巴一样，小熊猫的尾巴长得很厚实，上面还有条纹，起到保护色的作用。另外，这条尾巴还能帮助小熊猫在树上把握身体重心呢。进入 20 世纪后，小熊猫成了非常珍惜的动物，它们生活在喜玛拉雅山脉中国地区的森林中，毛色是红色的，于是也被人们叫做红熊猫。

◆　正确答案是①

下列关于熊的冬眠的说法中不正确的是哪个？

① 掘洞造窝

② 吃大量食物，增加体重

③ 在附近的树干上留下牙印

④ 做日光浴

　　一旦秋天，熊就会食欲大增，它们吃下大量实物，在体内储存足够的脂肪。而且，它还会做日光浴，这是为了冬眠而提前晒干自己身上多余的水分。做好了这些准备后，熊就可以正式进入冬眠了。熊不会为了冬眠而自己亲自挖洞，相反，它们会利用自然产生的树洞或者枯木洞、石洞等。之后，熊会在附近的树木上留下牙印，做下标记。

◆ 正确答案是①

结束冬眠的半月熊从洞里出来后，
为什么会去舔石头呢？

① 为了舔上面的露水

② 为了吃上面的苔藓

③ 为了摄取身体所缺乏的物质

④ 为了重新回到这里而做标记

　　苔藓中蕴含着一种功能与肠胃调理药相似的成分。所以从冬眠中醒来的半月熊为了清理自己的肠胃，会吃一些苔藓。猕猴桃中也有这样的成分，所以它们也会摘一些猕猴桃吃。在我国也生活着一些半月熊，它们是杂食动物，有时候甚至还会偷吃鸟蛋呢。

◆ 正确答案是②

下列哪种熊会冬眠呢?

① 火熊

② 眼镜熊

③ 马来熊

④ 懒熊

　　熊并不会像青蛙或者蛇一样长时间进入冬眠,而是暂时地躲避寒冷而已。火熊生活在北美和亚洲的树林里,它们会进行冬眠。但是其他几种熊类都生活在温暖的南方地区,所以不会冬眠。眼镜熊分布在中南美洲的山区,它们的眼睛周围有白色的圈,就好像戴了眼镜一样,所以它们被叫做眼镜熊。马来熊的体重约为25~60千克,它们生活在马来半岛的几个小岛上。懒熊生活在斯里兰卡的雨林地区。

◆ 正确答案是①

 生活在北极的北极熊全身覆盖着白色的毛，体形很大。北极熊最喜爱的食物是什么呢？

① 海鸟

② 鱼

③ 海豹

④ 企鹅

　　很久很久以前，北极熊是爱斯基摩人最害怕的动物。北极熊的体重超过 500 千克，能在雪地上快速奔跑，还会捕食人类。由于在北极食物不足，北极熊并不能吃到多样的食物。其中海豹是北极熊最喜欢的食物，而且捕捉起来也比较容易。应该没有人不知道企鹅只生活在南极吧？

◆ 正确答案是③

下列哪种不是北极熊用来捕捉海豹的方法呢？

① 悄悄地靠近矮小的海豹

悄悄悄悄

昏昏沉沉

② 用苔藓来诱惑海豹

请敞开肚子吃吧

③ 掘开冰洞

怎么回事？

④ 一直在冰窟窿边等待

快出来！快出来……

　　总体来说，北极熊捕食海豹有三种方法。最便利的方法就是掘开海豹生活的冰洞，捕食海豹幼崽。另一种方法就是以在冰洞附近休息的海豹为目标，悄悄地接近海豹。如果没有特殊情况的话，北极熊就能成功地捕捉到猎物了。海豹需要透过冰窟窿来呼吸，北极熊就会一直在冰窟窿边等待。这也是最需要忍耐力的一种方法。

◆ 正确答案是②

下列关于貉的生活习性的描述，哪个是不正确的呢？

① 是杂食动物，也会捕食老鼠和蛇

② 被敌人追赶时会爬到树上

③ 会把粪便排放到流动的水中

④ 智商比狗和狐狸低

貉经常被当作头脑聪明的动物，但是它的智商其实比狗和狐狸都低，而且缺乏警戒心。它们会在巢穴附近筑起一个小小的卫生间，每当要大小便的时候，就会到固定的地方去解决。

◆ 正确答案是③

美国貉是怎样喝水的呢？

① 用嘴喝

② 用尾巴蘸水，然后再喝

③ 利用习惯

④ 用手掬水喝

　　仔细观察貉的双手，我们会发现它们的手和人类的手非常相似。它们手部的肌肉非常发达，手指也很灵敏。在河水的时候，它们也会像人类一样，用手掬水喝。同时，它们还能用手捕捉一些小鱼当作自己的食物呢。

◆ 正确答案是④

猪獾会利用粪便来标记属于自己的领地。请问在排出了粪便之后，它们会怎么做呢？

① 在粪便上插上树枝

② 在粪便上吐口水

③ 把粪便与泥土混合起来

④ 再加入其他分泌物

猪獾会利用粪便来标记领地，防止其他同类的侵入。此时，它会排出黄色的液体，和粪便混合在一起。这种液体带有强烈的恶臭，由肛门直接向外排出。猪獾也会利用这种特殊的气味来寻找自己的巢穴。

◆ 正确答案是④

猪獾是一种非常爱干净的动物。它们会利用什么方式来保持清洁呢？

① 长期沐浴

② 在树上磨蹭，磨掉灰尘和泥土

③ 互相舔身体

④ 互相整理毛发

　　猪獾是群居动物，通常会有若干只猪獾生活在同一巢穴中。它们互相熟悉之后，便会帮助彼此整理毛发，除去寄生虫，从而能够长期维持十分干净的体毛。但是猪獾的脸却总是看起来脏脏的。

◆ 正确答案是④

为了保暖，黄鼠狼会在窝里铺一些什么东西呢？

① 柔软的苔藓

② 鸟的羽毛

③ 动物的皮毛

④ 干草

黄鼠狼会利用空树洞或者其他动物挖的洞穴来做窝，因为它们并没有自己挖掘洞穴的能力。为了在冬天能够御寒，它们会把吃剩的兔子或者老鼠的皮剥下来铺在窝里，这样就非常柔软暖和了。另外，它们也会利用干草来铺床呢。

◆ 正确答案是③和④

 臭鼬是黄鼠狼中的一种，它的屁带有及其强烈的臭味。下列关于臭鼬排出的臭气的描述错误的是哪个？

① 屁中包含的成分不是气体，而是液体

② 臭鼬经常对着敌人的脸部放屁

③ 屁是从肛门排出的

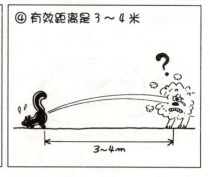

④ 有效距离是3～4米

3～4m

臭鼬放的屁其实不是气体，而是液体，就像我们喷的驱蚊剂那样。它们经常朝着敌人的脸放屁，这种液体能让敌人一时无法睁开眼睛。其实这种液体并不是从肛门中排出的，而是从肛门附近的一对臭味腺中排出的。这种液体带有强烈的恶臭，并且是金黄色的。

◆ 正确答案是③

水獭会如何处置自己的粪便呢？

① 堆积在洞穴周围，是自己领域的象征

② 涂在身上，充当化妆品

③ 当作抓鱼的诱饵

④ 当作进攻敌人的武器

　　水獭会在洞穴的入口处或者附近的石块上堆满自己的粪便。这是水獭为了标记自己的领域而做出的标示。如果某天这些粪便被水冲走，那么第二天早晨它又会重新把排泄物堆积在原处。

◆　正确答案是①

水獭为了教幼崽游泳，会怎样把孩子带到水里去呢？

① 用脚踹

② 用嘴叼

③ 让幼崽骑在自己脖子上

④ 用下巴夹住

　　水獭的游泳教学是斯巴达式的严格教学方式。当幼崽长到一定程度，水獭妈妈会用下巴夹住孩子，把它们带到水里去。然后水獭妈妈会在水中忽然松开脖子，把孩子扔在水中。这样的话，小水獭为了不沉下去，就会拼命挣扎，也就能逐渐学会游泳了。等小水獭逐渐熟悉了游泳的本领之后，它们觅食的技术也就大大提高了。

◆ 正确答案是④

河狸做窝的顺序是怎样的呢?

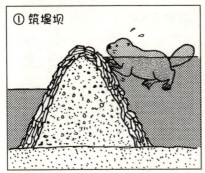

① 筑堤坝

② 搬运木块

③ 做窝

④ 挖运河

河狸会利用小石块和泥土来筑坝，然后再挖运河，通过运河来搬运木块筑窝。

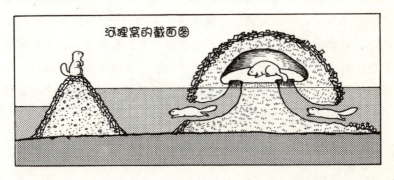

河狸窝的截面图

◆ 正确答案是①→④→②→③

 下列关于河狸做窝的程序中，哪个过程是最辛苦的呢？

① 筑堤坝

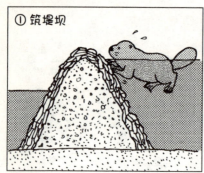

② 搬运木块

③ 做窝

④ 挖运河

挖运河需要花费很长时间，是整个过程中最辛苦的。在筑好了大坝之后，就必须搬运造窝的木材，但是在陆地上，大块的树木根本没办法运送，所以就必须开凿运河来运送。如果在附近没有树木的话，就必须把运河挖到很远的地方。一旦父亲死了，孩子们就接着挖，如果孩子们也死了，那么孙子们还是要继续挖。挖凿这么一条长运河是一件大工程，一旦完成了，就能用木材建造一个构造复杂的窝，供子子孙孙居住。

◆ 正确答案是④

 水獭遇到敌人的时候，会怎样告诉朋友们呢？

① 大声呼喊

② 用尾巴拍击水面

③ 从坝上跳下去

④ 把树枝扔进水中

　　水獭生活在北美洲，它们会在江河的上游筑起大坝。水獭几乎不会被灰熊或者秃鹰袭击，但是如果一旦有敌人入侵，它们会用尾巴拍击水面来通知伙伴。另外，水獭的尾巴在游泳的时候也能充当方向盘呢。

◆ 正确答案是②

犰狳看起来就好像披了一张凉席一样，下列关于犰狳的说法哪个是不正确的呢？

① 生活在洞穴里

② 动作很敏捷

③ 几乎没有牙齿

④ 遇见危险会把身体蜷缩成一团

　　犰狳分布在美洲大陆的草原或者沙漠地区，它们会挖掘洞穴，然后生活在里面。它们捕食昆虫、蚯蚓以及小蛇，也会吃一些果实等植物性食物。但是犰狳最喜爱的食物却是动物的尸体。犰狳是夜行性动物，它们的动作很敏捷，一旦遇见危险，就会把身体蜷缩成一个球。它们有超过 100 个牙齿。

◆ 正确答案是③

 犰狳能用身体的哪个部位感觉到危险呢?

① 眼睛

② 鼻子

③ 耳朵

④ 背上的毛

　　犰狳的甲壳上有很多角质,在甲壳的缝隙中涨了许多毛。这些毛是它的感觉器官,充当着雷达的作用。就像猫的胡须一样,它的毛非常敏感,能够感受到周边环境的变化。犰狳最大的天敌就是人类,因为它的甲壳能制成很好的吉他,很多人都慕名而来。因此原著民们都疯狂地为了得到它的甲壳而捕杀犰狳。大家要是去了南美洲,一定不要买那里的吉他呀。

◆　正确答案是④

花鼠会如何搬运食物呢?

① 藏在嘴里

② 用牙咬住

③ 用脚踢

④ 用手抱住

　　花鼠会挖地洞做窝。在窝里又有若干个房间（比如厕所，卧室，储藏食物的地方）。入口一般都是厕所，最深处是卧市，卧室旁边就是食物仓库。所以一旦睡醒的时候肚子饿，它就能很方便地吃一些东西，然后继续回去睡觉。花鼠的嘴巴里有两个食囊，它会利用食囊来搬运食物。

◆　正确答案是①

在幼崽的断奶期过去之后，花鼠、松鼠妈妈会把大家召集在一起做什么呢？

① 大扫除

② 扩大窝的面积

③ 收集食物

④ 搬家

花鼠、松鼠会召集家人一起搬家。长时间生活在一个地方的话，肯定会引起敌人的注意。过了断奶期的孩子们如果在窝附近活动也很容易成为其他动物的捕食目标，所以必须重新另找住处。当然，这也是一种转变心情的好方式呢。

◆ 正确答案是④

鼯鼠的体膜是怎么样的呢？

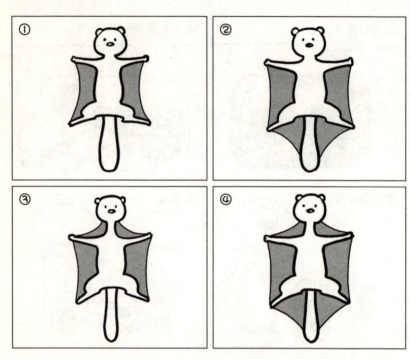

　　在鼯鼠的前腿和后腿之间，尾巴和后腿之间，前腿和脖子之间都有体膜连接。平时它们和别的松鼠没有什么不同，不过它们起飞的时候就会张开体膜，这是因为鼯鼠的颈关节十分发达的缘故。但是它们不能随心所欲地飞翔，只能在树上移动或者紧急降落的时候才会张开体膜飞翔。

◆ 正确答案是④

下列关于松鼠和花鼠的区别中，不正确的是哪个呢？

① 松鼠比花鼠体形大

② 松鼠主要吃地上的食物

③ 松鼠不冬眠

④ 松鼠喜欢在树洞或者树枝上做窝

　　松鼠在我国的分布很广泛，和花鼠相比，它的体形更大一些。与花鼠一样，它们不需要冬眠，整个冬天都在寻找食物。花鼠会在地上掘洞做窝，但是松鼠却会把窝筑在树洞里。花鼠主要是以掉落在地上的橡子为食，松鼠却是主要摘取树上的果实和种子来填饱肚子。

◆ 正确答案是②

为了顺利度过冬天，松树会把食物储存在什么地方呢？

① 附近的树洞里

② 地下或者树枝上

③ 窝里的密室中

④ 附近的空鸟窝里

松鼠不需要冬眠，所以不努力储备过冬的粮食是不行的。它们会把食物埋在地下，然后再在上面铺上一层树叶。为了记住位置，它们还会在附近的树枝上放一些果实。

◆ 正确答案是②

在经历了三周时间的热烈恋爱之后，松鼠们就会进入求偶期。在求偶期结束之后，雌性松鼠会怎么做呢？

① 与配偶一起组成家庭，生活在一起

② 与其他异性松鼠准备产下小松鼠

③ 把配偶留在家中独自离开

④ 把配偶赶出家门

一到求偶期，公松鼠会为了占有母松鼠而发生剧烈争执，胜利的一方会把母松鼠带回自己的住处。在三周的共同生活之后，母松鼠会把公松鼠赶出家门，并用树枝堵住入口。然后，母松鼠会在窝中铺上鸟的羽毛。它们的怀孕的时间大概为35天，一次可以产下大约5只小松鼠。

◆ 正确答案是④

松鼠是如何使孩子们独立的呢？

① 把它们赶出家门

② 把孩子们留在家中，自己独自离开

③ 把孩子们一个一个地赶出家门

④ 孩子们主动离开

　　为了让孩子们能够独立寻找食物，松鼠妈妈在孩子们长到一定程度之后会独自离开。虽然孩子们也会从树上下来寻找妈妈，但是松鼠妈妈会跑到孩子们找不到的地方。这样的话小松鼠们就只能靠自己的力量来寻找食物了。

◆ 正确答案是②

睡鼠在冬眠时会如何御寒呢?

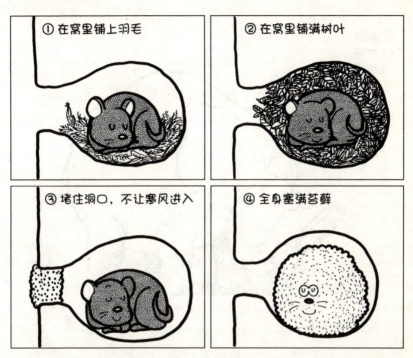

① 在窝里铺上羽毛

② 在窝里铺满树叶

③ 堵住洞口，不让寒风进入

④ 全身塞满苔藓

　　睡鼠是夜行性动物，它有一双大眼睛，在黑暗的地方也能看得很清楚。睡鼠是杂食性动物，主要生活在树洞里，冬天的时候会冬眠。这时，你会发现洞内只有一团类似于毛线球的东西，这是睡鼠为了御寒而在身上塞的一层苔藓。这样，它们就能度过一个温暖的冬天啦。

◆ 正确答案是④

哺乳类动物中，体形最小的是哪种动物呢？

① 鼹鼠
② 地鼠
③ 蝙蝠
④ 鼷鼠

　　哺乳类动物约有4000多种，其中最小的是一种微型地鼠。这种微型地鼠的体长只有3厘米，重1.5克，真的是超级迷你的哺乳动物呢。在哺乳类动物中，鼠类的数量是最多的，它们的大小和外形也千奇百怪。在南美洲还有一种鼠类和猪一般大小，样子长得很像鹿和兔子的混合体。这种超大型的鼠类被叫做"凯碧帕拉"。

◆ 正确答案是②

沙漠中的袋类鼠和袋鼠一样擅长弹跳。下面哪种不是它逃跑的方法？

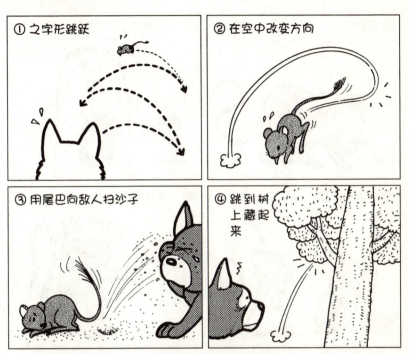

① 之字形跳跃

② 在空中改变方向

③ 用尾巴向敌人扫沙子

④ 跳到树上藏起来

　　袋类鼠生活在墨西哥和美国的沙漠中，身体只有5厘米左右，但是它们的尾巴长度却是身体的3倍。袋类鼠体内含有充足的水分，所以是沙漠中其他肉食动物非常喜爱的食物。一旦敌人出现，袋类鼠们就会扬起尾巴，把沙子扫向敌人的眼睛。利用这个时间空隙，它们会立即逃跑。然后，它们会跳跃起来，利用尾巴在空中转换方向，继续逃跑。但是，袋类鼠是不会爬树的噢。

◆ 正确答案是④

163

袋类鼠为了适应沙漠中的干旱气候，会养成一些独特的生活方式。下列关于袋类鼠生活方式的叙述错误的是哪个呢？

① 没有毛孔

② 居住在大仙人掌里

③ 从来不撒尿

④ 一生中从来不喝水

　　袋类鼠在地下掘洞生活，一边呼吸一边把排出的湿气再吸收进体内。它们一生中从不喝水，为了摄取必需的水分，袋类鼠会以仙人掌为食。袋类鼠没有毛孔，不会把体内的水分蒸发掉。另外它们也不撒尿，大部分时间都待在地下的洞穴里。

◆　正确答案是②

行旅鼠在几年间就会集体移居一次。在移居过程中它们经常会遭遇集体性毁灭，请问这是为什么呢？

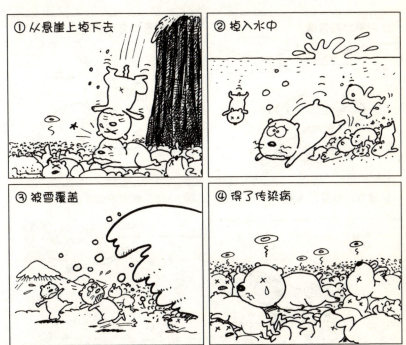

① 从悬崖上掉下去

② 掉入水中

③ 被雪覆盖

④ 得了传染病

行旅鼠生活在斯堪的纳维亚半岛和西伯利亚。它们的头很大，尾巴很短，脚趾甲很硬。它们和鼹鼠一样很擅长掘洞。在群居的行旅鼠达到一定数量之后，它们会重新分家，寻找新的聚居地。它们会朝一个固定的方向前进，一旦遇到障碍物就会掘洞通过。如果遇到江河或者湖泊的话，水就会进入地洞，所有的行旅鼠就都被淹死了。

◆ 正确答案是②

欧洲仓鼠在过河的时候，会怎么游泳呢？

① 叼着木板游泳

② 在食囊中充满空气

③ 潜水，行走在水底

④ 仰泳，把尾巴当作船桨

　　欧洲仓鼠和花鼠一样会把食物储存在食囊里。一旦到达洞穴，它就会用前腿把食囊中的食物都挤出来。食囊的表皮伸缩性非常强，所以一次能装下很多食物。在过河的时候，食囊也可以充当救生圈的作用。在食囊中充入空气，那么整张脸就变成了一个救生圈。欧洲仓鼠会一边用鼻子呼吸，一边悠闲地游泳。

◆ 正确答案是②

蝙蝠的翅膀左侧有一块像钩子一样的突起。这个部位相当于人的那个手指呢?

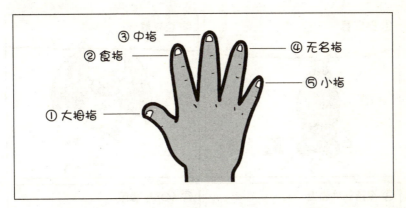

③ 中指
② 食指
④ 无名指
⑤ 小指
① 大拇指

为了使飞行起来更加方便,蝙蝠进化成与鸟类非常相似的动物。它的骨骼很薄,和鸟类一样,蝙蝠的骨头内部是空的,可以减轻身体的重量。蝙蝠的翅膀和人类的手非常相似,下图中蝙蝠像钩子一样的突起其实就相当于人类的大拇指。仔细地比较一下,其实没有什么不一样呢。

◆ 正确答案是①

下列关于蝙蝠小便时的描述，哪个
是正确的呢？

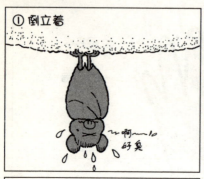

① 倒立着

啊～
好臭

② 直立着

怎么下雨了？？

③ 降落到地面上

看什么看？

④ 从来不撒尿

因为撒尿不
适合我！

　　总是倒立着的蝙蝠如果想要撒尿，总不能把尿淋到自己头上
吧？所以蝙蝠只有在撒尿的时候才会转换方向，直立着小便。等到
尿完了之后，它又会重新旋转 180 度继续倒立。原本蝙蝠是生活在
热带的动物，一到寒冷的冬天，它们就会迁移到温差较小的洞穴中
冬眠或者直接飞往温暖的地区。在冬眠的时候，蝙蝠的体温会降低，
然后慢慢使用自身储存的能量，所以就算很久不吃东西也没问题。

◆　正确答案是②

蝙蝠妈妈会把小蝙蝠贴在肚子上飞行。那么小蝙蝠为什么不会掉下去呢?

① 蝙蝠妈妈会紧紧抓住小蝙蝠

② 小蝙蝠紧紧地吸住奶头

③ 小蝙蝠用后腿抓住蝙蝠妈妈

④ 蝙蝠妈妈用后腿抓住小蝙蝠的后腿

　　小蝙蝠一旦从母亲的身体上掉下去就会死掉。所以从出生开始,如果不紧紧抓住母亲是不行的。小蝙蝠自出生起就有了非常结实的牙齿,它们会用牙齿咬住蝙蝠妈妈的乳头,用来支撑身体,还能喝奶。过了几天之后,它们的脚趾甲渐渐锋利起来,体重也变重了。这时,它们就能从母亲身上下来,自己可以稳稳地站在石壁上。

◆　正确答案是②

蝙蝠妈妈是如何从洞穴里数千只小蝙蝠里找到自己的孩子的呢？

① 小蝙蝠有自己独特的声音

② 能依靠本能找到小蝙蝠

③ 依靠气味找到小蝙蝠

④ 用舌头舔

　　洞穴里的小蝙蝠会在蝙蝠妈妈回来的时候大声喊叫。但是人类是听不到这种声音的，只有蝙蝠妈妈才能根据这独特的声音找到自己的孩子，并给孩子喂奶。这时，蝙蝠妈妈会用舌头舔舐小蝙蝠，表示出一种亲近感。每只蝙蝠会发出波长不一的超声波，它们拥有雷达一样的耳朵，能够接收这种超声波，所以即使在很窄的缝里也能自由飞行。

◆ 正确答案是①

 令人畏惧的吸血蝙蝠为了吸血，会如何接近一只正在熟睡的兔子呢？

① 直接停在兔子的背上

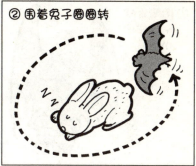
② 围着兔子圈圈转

③ 匍匐在地面上前景

④ 在地上跳跃

　　吸血蝙蝠要从动物身上吸血来摄取必需的营养成分。和其他蝙蝠相比，吸血蝙蝠大腿内侧的肌肉更为发达，所以它们能够站立在地面上，并在地面上扇动着翅膀跳跃前进。在接近兔子的时候，它们也会像这样咚咚跳着。它们和吸血鬼一样拥有锋利的牙齿，可以咬开皮肤吸取血液。吸血蝙蝠的唾液中有一种特殊的成分，可以防止血液凝固。

◆　正确答案是④

白腿蝙蝠和其他蝙蝠有所不同，它们是竖直站立在洞穴顶上产下小蝙蝠的。那么小蝙蝠怎样才不会掉到地上呢？

① 用脚抓住刚出生的小蝙蝠

② 弯腰咬住小蝙蝠

③ 用一边的手臂抱住小蝙蝠

④ 用尾巴接住小蝙蝠

　　白腿蝙蝠平时与其他的蝙蝠并没有什么不同，但是在生小蝙蝠的时候，它们会把身体旋转180度，采取竖直的姿势生产。它们会用两只手臂支撑在岩石顶端，然后用尾巴接住小蝙蝠，使小蝙蝠能够安全降生。

◆ 正确答案是④

渔翁蝙蝠是蝙蝠类动物中唯一一种以鱼为食的动物。请问它会用哪种方式捉鱼呢？

① 在水面上飞行，看见鱼就抓住

② 坐在水边的岩石上，用超音波找鱼

③ 钻入水下抓鱼

④ 一边发射超声波，一边用趾甲抓鱼

　　渔翁蝙蝠拥有一双长而结实的腿。它们在抓鱼的时候会把腿放入水中，一边飞翔一边发出超声波。因此，它们就能够感知到附近鱼群的游动方向从而悄无声息地用锐利的趾甲抓鱼。渔翁蝙蝠一天大概要吃 30~40 条鱼，它们还会把鱼运送会巢穴里面吃。

◆ 正确答案是④

 帐篷蝙蝠是所有蝙蝠中唯一一种会自己建筑巢穴的蝙蝠。那么它们会怎样筑窝呢？

① 利用蜘蛛网
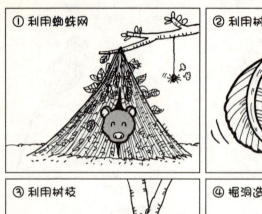

② 利用树叶

③ 利用树枝

④ 掘洞造窝

　　帐篷蝙蝠分布在中南美洲，它们会利用椰子树叶或者香蕉树叶来搭建和帐篷一样的巢穴。帐篷蝙蝠主要在白天活动，以水果为食。在所有种类的蝙蝠中，有大概 70% 的蝙蝠是依靠捕捉虫子为食物的，但是中南美洲的帐篷蝙蝠却是素食主义者。另外，还有一种蝙蝠是以蜂蜜为食的呢。

◆ 正确答案是②

7. 生活在海里的哺乳动物

解题之前

　　海里的哺乳动物除了海牛以外，其他大部分都是肉食动物。这些动物原本都生活在陆地上，为了能够独自安全地享用食物，它们会把食物拖到海里去吃。此后，经过一系列的进化，它们适应了水中的生活，身体也渐渐向流线型发展，前腿也变成了鳍。几乎没有什么作用的后腿也逐渐退化，变成了尾巴，能够让它们以更快的速度游动，以及更迅速地捕捉食物。但是除了鲸鱼以外，其他大部分海洋哺乳动物都是采用仰泳的泳姿，知道这是为什么吗？希望大家好好想一想哦。

鲸鱼的乳头长在什么位置呢?

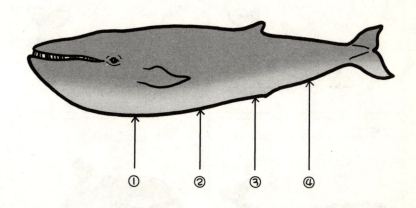

①   ②   ③   ④

　　雌性鲸鱼的下腹部有一对乳头,在皮下脂肪中分布着非常发达的乳腺。小鲸鱼会和鲸鱼妈妈一起游泳,每30分钟喝一次奶。鲸鱼一次只会产下一只小鲸鱼,有时候也会产下双胞胎。长须鲸和抹香鲸冬天会在温暖的海域里求偶,海豚却会在春、秋两季求偶。一般鲸鱼的怀孕时间是一年左右,但是抹香鲸却需要16个月。鲸鱼的体形越大,那么寿命也越长。据说长须鲸能活100年呢。

◆　正确答案是③

鲸鱼能在很深的水中潜水。请问下列哪种鲸鱼最擅长潜水呢?

① 石鲸

② 抹香鲸

③ 长须鲸

④ 虎鲸

　　鲸鱼能潜入很深的水中,这其中有两个原因。第一,鲸鱼浑身的肌肉组织很特别,能够承受深水区的压力。另外,它们一次能吸入大量的空气。在水下1000米处,就算是铁制的大桶也会被压扁,但令人惊讶的是,抹香鲸能潜到1100米深的水里。虎鲸和石鲸能潜入250米深的水里。体形最大的长须鲸能潜到150米深的水里。

◆ 正确答案是②

 白须鲸是哺乳动物中体形最大的动物，有30米长。那么白须鲸的食物中体形最大的是什么呢？

① 5厘米长的小鱼

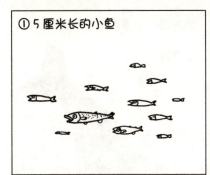

② 10厘米长的墨鱼

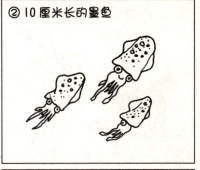

③ 30厘米长的青花鱼

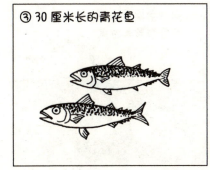

④ 60厘米长的明太鱼

　　长须鲸主要以虾类和小鱼为食。虽然它们体形很大，食道却很窄。所以体形庞大的白须鲸也只能吃长5厘米的小鱼。另一方面，抹香鲸和石鲸的牙齿非常锋利，可以撕扯大块的肉类。并且它们的食道吞咽力也非常强。

◆ 正确答案是①

 鲸鱼在跳出水面后，周围会聚集起一大拨海鸥。请问这是为什么呢？

① 巨大的冲击力撞死了许多小鱼

② 抖落了许多身上的寄生虫

③ 鲸鱼在跳跃的同时排出了粪便

④ 跳跃带来了许多氧气，于是很多鱼都聚集过来

　　鲸鱼的身上有许多寄生虫。它们在跳跃的动势，也会把身上的寄生虫抖落。海鸥会聚集过来捕食这些虫子。鲸鱼的尾巴和鱼类不同，是扁平而宽大的。这样的尾巴能够有力地击打水面，使鲸鱼能够轻松地跳跃起来。

◆ 正确答案是②

如果石鲸产下的幼崽在出生后就死了，那么它会怎么做呢？

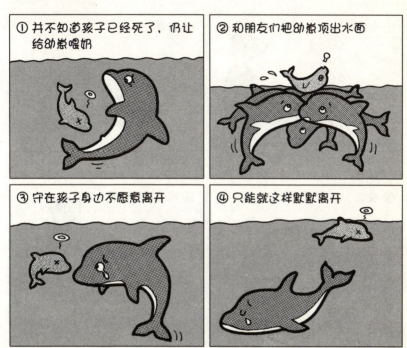

① 并不知道孩子已经死了，仍让给幼崽喂奶

② 和朋友们把幼崽顶出水面

③ 守在孩子身边不愿意离开

④ 只能就这样默默离开

鲸鱼一出生就必须到水面上呼吸空气。大部分的鲸鱼幼崽都是因为呼吸混乱才瞬间死亡。小鲸鱼的身体很柔弱，所以无法独自浮出水面。石鲸的智商很高（智商有 60），也有很高的合作精神。在石鲸生产的时候，总有一群同伴在旁陪同。当小石鲸无法呼吸时，几只鲸鱼会一起帮助它，把它举出水面。这样做之后，就算暂时窒息的小石鲸也有活过来的可能性。

◆ 正确答案是②

 海牛非常有趣。请问海牛的主要的
食物是什么呢？

① 小鱼

② 虾类

③ 珊瑚

④ 海草或者海藻

　　海牛的皮肤皱皱巴巴的，体形也是胖乎乎，它可是地地道道的
食草动物呢。海牛主要吃海草或者海藻，它一次可以潜水15分钟。
海牛体长4米，体重600千克，它无法生活在20度以下的水里。
美国南部的加勒比海沿岸和佛罗里达半岛生活着北美海牛，南美的
亚马逊河与奥里诺科河里生活着南美海牛。

◆　正确答案是④

 海牛和人类一样过着群体生活，是社会性动物。那么海牛是如何互相打招呼的呢？

① 握手

② 亲吻
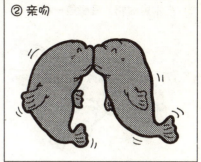

③ 敬礼

④ 摇尾巴

　　海牛会彼此撞击或者摩擦身体来表示问候。如果感情特别亲密，它们还会用亲吻来表示亲近感。海牛在河或者海里过着群居生活，前鳍长得很像手指。

◆ 正确答案是②

海牛和海猪长得很像，那么海猪是用什么姿势喂奶的呢？

① 在水里喂奶，像鲸鱼一样

② 把头露出水面喂奶

③ 把上半身露出水面喂奶

④ 平躺着喂奶

　　海猪是以家庭为中心的动物，它的体形比海牛小。海猪体长约为 3 米，体重大概为 400 千克，身体的颜色与人类很相似，是肉色的。很久以前，很多船工把海猪的声音当作是不祥的象征，因为小海猪的声音很像婴儿的哭声。海猪在喂奶的时候会把上半身露出水面，和人类一样抱着孩子喂奶。正因为它和人类太过相似，很多人又根据它的形象创造了人鱼的传说。

◆ 正确答案是③

海獭最喜欢的食物是螃蟹。在把螃蟹所有的腿都吃掉后，海獭会怎么吃剩下的部分？

① 把螃蟹放在肚子上，用石块砸碎

② 嚼碎后吞下

③ 把壳剥开，只吃里面的部分

④ 不吃，扔掉

　　海獭在吃螃蟹的时候，会用牙把蟹壳咬碎，然后把壳扔掉，只吃里面的部分。和我们吃螃蟹的方法几乎一模一样呢。在吃花蛤或者贝类的时候，海獭会把它们放在肚子上，然后用石块把外壳击碎。海獭吃东西的样子是非常有趣的。另外海獭没有皮下脂肪，所以它们一次要吃相当于自己体重四分之一的食物。

◆ 正确答案是③

 母海獭在结婚后身上会出现一个标记。请问会在哪里出现这个标记呢？

① 鼻梁上

② 额头上

③ 肚子上

④ 尾巴上

　　海獭的求爱以及交配都是在水中完成的。在完成交配后，公海豹会在母海豹的鼻梁上咬出一个伤口。这个伤口会在母海豹生产完之后愈合，是为了让别的公海豹知道这是一只"怀孕的母海豹"，这样别的公海豹就不会再接近它了。公海豹之间的竞争非常激烈。大约8~9个月之后，小海豹就诞生了。一般情况下一次只会产下一只小海豹。

◆ 正确答案是①

 海獭在遇见危险的时候会如何通知其他同伴呢？

① 用尾巴拍击水面

② 大声喊叫

③ 拍巴掌

④ 上半身钻进水中，不停摇尾巴

　　海獭在一起休息或者吃东西的时候，一定会有一只海獭充当哨兵的角色。海獭间有通用的声音信号，所以可以进行简单的对话。它们可以根据声音的高低来判断事情的情形，比如在遇到危险时，海獭会用高昂而明快的声音告知同伴。有学者指出，海獭还能发出笑声呢。

◆　正确答案是②

海狮为什么会被叫做海狮呢？

① 和狮子一样，脖子上长着鬃毛

② 会和狮子一样咆哮

呜呼

③ 和狮子一样，长着尖锐的牙齿

④ 是海兽中的王者

　　海狮是海狗科动物中体形最大的，它的体长由 3.5 米，体重达 1 吨。一只公海狮通常会和 20 只母海狮一起生活。海狮咆哮的声音和狮子很像，因此被叫作海狮。它身体的颜色和狮子也很像，是棕色的。成年的公海狮的脖子上会长出鬃毛，看起来也很像狮子呢。

◆ 正确答案是②

条纹海豹最主要的食物是什么呢？

① 虾和蟹

② 鱼

③ 章鱼

④ 企鹅

　　条纹海豹是南极海豹中的一种，体长为3米。它们的主要食物是企鹅和海鸟，并且条纹海豹只在水中捕食，所以企鹅在岸上可以随意在海豹旁边休息或者孵卵。其他海豹的主要以小鱼或者虾蟹、章鱼为食。

◆ 正确答案是④

生活在北极的海狮有长长的牙齿，下列哪个不属于它牙齿的用途？

① 打架时的武器

② 切肉的工具

③ 在冰壁上登陆的工具

④ 砸开贝壳的工具

　　海狮的体形庞大，有着幽暗的眼睛和稀疏的胡子，主要以贝类为食。它们一次要吃下几百只贝壳，这时就需要用牙齿来充当砸开贝壳的工具了。同时，当公海狮为了母海狮而争斗的时候，象牙也就成为了它们的武器。另外，在冰壁上登陆时，象牙也发挥了重要的用场。公海象和母海象都有象牙，现在海象可是世界级保护动物呢。

◆ 正确答案是②

 象海豹以它独特的鼻子而闻名于世。如果在行走的时候想要转弯，那么它会怎么做呢？

① 哼哧哼哧地扭转身体

② 把身体直立起来后再向后倒

③ 向跷跷板一样摇晃身体

④ 按照U自行轨迹旋转

　　象海豹身长6米，体重4吨，实在是一种体形很大的动物呢。在转换方向的时候，象海豹会先把身体竖立起来，形成一个Ｖ字形，然后再摇晃身体，以肚子为中心轴进行旋转。在石油还没有被充分发现的年代，人们会利用象海豹的脂肪做润滑油，所以象海豹的数量曾经急剧骤减。但是随着世界性保护措施的颁布，象海豹的数量已经渐渐开始增多了。

◆ 正确答案是③

随着象海豹繁殖期的到来，公象海豹之间的争斗也开始了。那么怎样的公象海豹会赢呢？

① 体形庞大的

② 力气大的

③ 声音大的

④ 年轻的

随着不断的生长，公象海豹的鼻子也会逐渐变长。生气或者兴奋的时候，它们的鼻子甚至会变得更大呢。这时候，它们喊叫的声音也会变大。公象海豹会相对着互相喊叫，根据叫声的大小来决定胜负。如果这样还分不出胜负，它们会互相撕咬对方的鼻子，陷入混战。

◆ 正确答案是③

8.
猴子的世界

解题之前

　　大约 110 年前，达尔文发表了进化论，指出人类是由动物进化而来。这一言论震惊了世界。但是在今天，"所有的动物都会为了适应环境而不断进化"已经得到了科学的认证，而人类不过是其中的一个物种而已。猴类动物与人类最为相似，尤其是大猩猩、猿和黑猩猩，它们不仅外形与人类酷似，连行动也与人类十分接近。其他动物几乎不会利用工具来获取食物，但是猴子会用竹竿来打落果实。我们人类的祖先类人猿也利用弓箭来捕猎。

　　人类因为能够制造出"更高级的工具"而成为了最高级的动物，拥有非常发达的大脑。特别是后来随着火的发现以及文字的创造，人类也就渐渐从猴类动物中独立出来了。

 黑猩猩的脸部也能和人类一样发出各种表情。请问在黑猩猩十分悲伤的时候，它会怎么做呢？

① 头后仰，长大嘴巴

② 睁大眼睛，不停跳跃

③ 闭着眼睛，撅着嘴

④ 缩起脖子，闭着嘴

黑猩猩是唯一一种会利用眼睛、鼻子和嘴巴来表达自己的感情的动物。更加有趣的是，它们会利用自己巨大的嘴巴的开闭表达不同的情绪呢。当黑猩猩感到难过的时候，它们会后仰着头，把嘴巴张得很大。虽然它们不会闭着眼睛流眼泪，但是看起来还是很悲伤的。

◆ 正确答案是①

 黑猩猩经常会互相问候。请问它们
最常做的问候动作是哪个呢?

① 用手挠头

② 点头鞠躬

你好

③ 举起右手

④ 用指甲挠脸

　　黑猩猩会利用一些简单的肢体动作来进行对话。最近我们对动物园中饲养的黑猩猩做了一系列的研究,调查结果表示,黑猩猩能够良好地使用人类所教导的 30 多种手势。它们最常用的问候方式是举起右手,手指并拢。另外它们还会彼此挠头,磨蹭下巴或者亲吻呢。

◆ 正确答案是③

下列关于黑猩猩生活习性的描述，
哪个是不正确的呢？

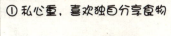

① 私心重，喜欢独自分享食物

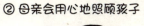

② 母亲会用心地照顾孩子

③ 群体中一定会有一个领导者

④ 异性黑猩猩之间会像人一样表
达爱意

　　猴类动物中，黑猩猩是与人类最为相似的。它们不仅和家人相处和谐，和其他同类也十分友爱。它们会把从树上摘下来的果实分给周围的伙伴们吃。对待异性，黑猩猩也和人类类似。拥有漂亮配偶的公猩猩会被其他猩猩所嫉妒。

◆ 正确答案是①

 黑猩猩过着小团体的群居生活。下列关于集团间关系的描述哪个是正确的呢?

① 会因为领地问题而争斗

② 会按照一定的周期交换居住场所

③ 领导者们会定期见面，表示友好

④ 会与相邻的集体通婚

　　到目前为止，黑猩猩的社会构造还是没有被完全研究清楚。一般 30~80 只黑猩猩会成为一个集体，每个集体的活动范围是 40~300 平方米，实在是很广阔呢。其中每个集体内部又分成若干个小团体，团体间是相互通婚的。这是与其他动物完全不同的生活习性，从遗传学的角度说，这种生活方式也是非常值得提倡的。

◆ 正确答案是④

如果其他母黑猩猩想要拥抱被母亲抱在怀里的小黑猩猩时，它们会怎么做呢？

① 抚摸小黑猩猩的脑袋

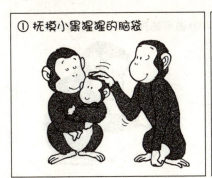

② 抚摸母亲的乳头

③ 撅嘴活宜母亲

④ 送食物给母亲

　　黑猩猩具有一种奇特的"阿姨行为"。这一行为又一次印证了黑猩猩与人类之间的相似性。其他的母黑猩猩看见可爱的小黑猩猩时，会产生想要拥抱它们的想法。这时它们会用手掌抚摸母亲的乳头来表达自己的感情。最近有一项研究就是通过研究黑猩猩的生活习性来再现原始人的生活面貌的。

◆ 正确答案是②

白蚁是黑猩猩最喜爱的零食。那么黑猩猩是怎么抓到生活在地洞里的白蚁的呢?

① 往洞里灌水,使白蚁爬出来

② 直接凿开地洞,把白蚁抓出来

③ 用长木棍捅入洞中

④ 一直在旁边等待

　　黑猩猩和人类一样懂得使用道具。在抓白蚁的时候,它们会先在木棍上沾上唾液,然后深入白蚁的洞穴。接着拿出粘着白蚁的木棍,用舌头舔食。在之前放映的电视节目《神秘世界的探险》中还有黑猩猩利用毛笔画抽象画的场面呢。

◆ 正确答案是③

黑猩猩在吃肉的时候会采用其他方法。那么它会怎么吃呢?

① 用树叶把肉包起来吃

② 用树枝把肉捣碎

③ 把肉风干了再吃

④ 埋在土里后再吃

　　黑猩猩吃肉的机会并不多,它们主要是以树木的果实为食的。但是它们一旦知道了肉的滋味,就会残忍地捕食其他柔弱的猴子。在吃肉的时候,他们会用树叶把肉包起来,这样做并不是为了助消化,而是为了使味道更鲜美。平时只用一只手摘树叶吃的猩猩只有在吃肉的时候才会把两只手都利用起来。

◆ 正确答案是①

非洲的野生公黑猩猩会在母黑猩猩面前显示自己强大的力量。它们会采取哪种方式来炫耀自己呢？

① 把树枝折断

② 举起大石块

③ 背着母猩猩跑步

④ 倒立

　　黑猩猩一般都生活在树上，所以它们很少在地面上活动。但是它们会跳到地面上舔石块，这是因为石块上含有树叶和水果中所缺乏的盐分和矿物质。在母黑猩猩面前，它们会举起沉重的大石块来显示自己拥有强大的力量。

◆ 正确答案是②

皮克米黑猩猩是如何求婚的呢？

① 展示肌肉

② 倒立

③ 温柔的表情

④ 打一套跆拳道

皮克米黑猩猩的体形很小，以小团体的形式在树上生活。它们会利用展示肌肉的方式来表达爱意。如果母黑猩猩对公猩猩很满意，那么就会把手放在公黑猩猩的肩膀上，让对方明白自己的心意。这样，一对夫妇就诞生了。但是它们的婚姻生活随着小黑猩猩的出生也就结束了，实在是一件令人惋惜的事。

◆ 正确答案是①

两只发怒的皮克米黑猩猩在争斗之
后决定和解。那么它们会如何和解呢？

① 互相磨蹭屁股

② 互相碰额头

③ 亲吻

④ 握手

　　公皮克米黑猩猩经常打架。如果两只黑猩猩势均力敌，想要和
解的话，他们会调转身体互相磨蹭屁股。因为如果继续争斗，其中
一头很有可能受伤，甚至死亡。这种和解行动是维持小集团和谐的
重要生活习性。

◆　正确答案是①

生活在热带雨林中的猿猴喜欢吃什么零食呢?

① 酒

② 花

③ 鸟蛋

④ 青蛙

　　猿猴和人类一样,是一种喜欢享乐的动物。它们主要生活在树上,以水果为食。并且,它们还会把吃剩下的水果藏在只有自己才知道的树洞里。随着时间的推移和温度的变化,水果就会发酵,变成酒精。猿猴很擅长制作水果酒,它们总会在适当的时间寻找树洞酿酒。可以说,猿猴是除了人类以外世界上唯一一种会酿酒的动物。

◆　正确答案是①

猴子的屁股为什么是红色的呢?

① 经常坐在地上

这样坐最方便……

因为这样，屁股才变红的！

② 屁股的皮肤比其他地方红肿

这可怎么办……

③ 皮肤很薄

我的皮肤很敏感哦！

④ 皮肤很白

皮肤很白怎么会变成红色的呢?

到底是什么意思?

　　并不是所有猴子的屁股都是红色的。大家去动物园仔细观察，就能发现只有红脸的猴子屁股才是红色的。它们的脸部和屁股都没有毛。刚出生的小猴子皮肤很白，甚至能从它的脸上看见脸内部的血管。生活在地球北部的寒冷地区的猴子大部分皮肤都很白，它们的屁股都是红色的。生活在炎热地区的大部分猴子都长得黑不溜秋的，所以它们的脸和屁股都不是红色的。

◆ 正确答案是④

猴子的侧脸比较

长臂猿　　　黑猩猩　　　猿猴　　　大猩猩

　　猴类动物中，黑猩猩的耳朵是最大的，猿猴的耳朵是最小的。大猩猩的耳朵也很小，但是与脸部的大小比起来，猿猴的耳朵是更小的。大猩猩的眼睛又黑又大，猿猴的眼睛外突，眼部周围有很多皱纹。黑猩猩与大猩猩的额头都是外突的，而且它们的鼻子都比猿猴的鼻子大。大猩猩的鼻子很特别，它们的鼻孔是往两边外扩的。

猿猴的脸部变化

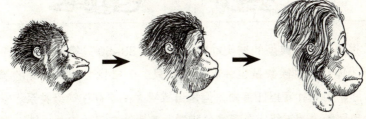

幼年时的脸型。毛发很短，嘴部外突，看起来很滑稽。

随着年龄的变化，毛发渐渐变长，嘴巴变短了。下巴也发达起来，看起来厚厚的。

完全成熟后的脸型。公猿猴的颈部到胸部的毛孔很发达。两颊都有很深的皱纹。

狒狒过着大规模的集体活动。那么它们是如何向比自己强大的猴子表示敬意的呢？

① 点头示意

② 两手举过头顶

③ 把手放在胸前

④ 用屁股对着对方

　　狒狒是非洲典型的猴类动物。一般由 30~50 只狒狒组成一个聚居团体，有时候数量也会高达 180 只。公狒狒之间有明确的等级次序，由强壮者担任首领，但是母狒狒之间不存在等级关系。它们会用屁股对着等级比自己高的狒狒，来表达自己的尊敬之情。

◆ 正确答案是④

狒狒最喜欢吃的零食是什么呢？

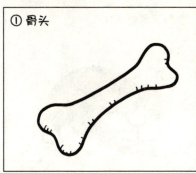

① 骨头

② 盐

③ 花

④ 鸟蛋

狒狒主要以树叶、果实、谷类和昆虫为食，但是有时候它们也会捕食小羚羊和兔子。狒狒最喜欢的零食是盐，也就是和石头一样的岩盐。狒狒无法从常规的食物中获得充分的盐分，所以为了保持身体健康，它们必须吃盐。在野生动物保护区内，工作人员会在狒狒时常经过的地方撒盐。在动物园内，我们经常能看见猴子互相整理体毛，其实它们也是为了找到汗液蒸发后留下的小盐粒。

◆ 正确答案是②

长臂猿一般不会从树上下来，那么它会在什么特殊情况下下树呢？

① 为了吃泥土或石头

② 为了捕食蚂蚁

③ 为了求偶

④ 为了洗澡

　　长臂猿会利用自己长长的手臂在树上灵活地摘取果实。它们没有尾巴，几乎都在树上生活。但是，为了补充钙、铁、钠等微量元素，它们会到地面上吃一些泥土或者石块。它们在地面上会利用两条短短的后腿摇摆着行走。

◆　正确答案是①

蛛猴会如何捡取掉落在地上的花生呢?

① 用手捡

② 用脚捡

③ 用尾巴捡

④ 尾巴缠在树枝上,然后下地用嘴捡

　　蛛猴生活在中南美洲的雨林中,它们的拇指已经退化了,所以无法抓取物品。但是它们的尾巴可以说是它们的第 5 条腿,所以蛛猴十分依赖尾巴。蛛猴的尾巴末端内部没有毛,长着十分敏感的小细纹。它们会利用尾巴捡取一些小物品。

◆ 正确答案是③

狐猴是一种只在树上生活的猴类动物。那么狐猴在地面上会如何行走呢？

① 用两腿摇摇晃晃着走

② 用四条腿跳跃

③ 爬行

④ 用后腿跳跃

　　狐猴只生活在非洲的马达加斯加岛，它们是草食性动物，全身都覆盖着白色的体毛，是一种十分珍稀的猴类动物。大约10只狐猴会组成一个团体，在树上用双腿跳跃，夜晚坐在树上入睡。下到地面上时，它们会用后腿"噔噔"地跳跃，像螃蟹一样横着前进。这时它们会利用尾巴来保持身体的平衡，但样子还是很滑稽呢。

◆ 正确答案是④

蝙蝠猴长得与蝙蝠很相似，它是唯一一种会飞的猴类动物。那么蝙蝠猴飞行的时候会做什么呢？

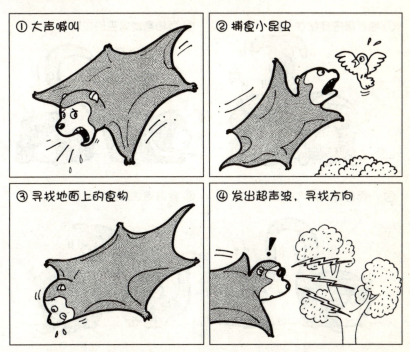

① 大声喊叫

② 捕食小昆虫

③ 寻找地面上的食物

④ 发出超声波，寻找方向

　　蝙蝠猴别名叫做皮翅猴，它们生活在马来西亚和菲律宾地区。它们的脸和狐猴很像，但是整体上却与蝙蝠更为相似。蝙蝠猴生活在空的树洞里，体长大约为 40 厘米，停留在树上的时候几乎会被认为是树枝呢。它们并不时常飞行，但是一旦遇见敌人，它们还是会飞起来逃跑。这时蝙蝠猴会一边飞一边大声喊叫，来警告其他同伴。

◆ 正确答案是①

悬猴有一条美丽的长尾巴，是一种非常可爱的猴子。那么两只悬猴会如何表达彼此间的亲密关系呢？

① 把长尾巴缠绕在一起

② 互相磨蹭尾巴的末端

③ 用尾巴摩擦对方的脸

④ 紧紧抱住对方的尾巴

　　悬猴是长尾猴中的一种，主要生活在南美洲亚马逊河流域。它们的身形很小，体重很轻，生活在树上。它们可以用尾巴缠住树干来找到重心，以此在树上寻找食物。两只关系很好的悬猴会把屁股贴在一起，并把长尾巴缠绕在一起。利用这个现象，我们可以轻而易举地判断出哪些悬猴是好朋友。

◆ 正确答案是①

长尾猴是如何驱赶飞在脸边的蚊子的呢？

① 挥动胳膊

② 利用双腿

③ 利用尾巴

④ 利用带着树叶的树枝

长尾猴广泛分布在非洲、印度、东南亚的小岛上。它们生活在热带雨林里，会利用长长的手臂和尾巴在树木间移动，以水果和树叶为食。雨林里的湿度很高，蚊子也非常多。所以即使是全身都覆盖着毛的长尾猴的面部也难免会遭到蚊子的叮咬。此时，长尾猴会把长尾巴竖在两腿之间，像汽车的雨刷一样左右晃动，来驱赶周围的蚊子。

◆ 正确答案是③